AIエンジニアのための
統計学入門

［著］

愛知工科大学
荒川 俊也

科学情報出版株式会社

まえがき

　AI（Artificial Intelligence、人工知能）がブームである。マスメディアの報道などから察するに、一時期ほどの勢いとは変わり、やや沈静化してきたとは思われるが、それでも未だブームであると言えよう。特に企業技術者からすると、新たなビジネスチャンスであるということから、AIを活用した技術に新たに取り組む事例も増えているようである。実際、筆者の研究室にも、AIを使った研究を始めたいのだが、まだ知見に乏しい、その一方で、早く研究に着手できなければ後手を踏んでしまう、どうしたら良いのだろうか、と、相談に来られる方がいる。また、筆者はAIの入門的セミナーの講師を務める機会が多いのだが、やはり、「AIに対する知見に乏しく、そもそもどういうことを学べば良いのかわからないために参加した」という声が多く聞かれる。これについては、文系出身者であるが、業務の都合上AI開発に従事せざるを得なくなったという方からの声もあれば、理系出身者からの声もある。文系理系問わず、という印象である。

　さて、文部科学省が、2019年6月18日に、国立大学の改革方針を固め、その内容を発表した。日本経済新聞の2019年6月19日の記事によると、Society 5.0（超スマート社会）の到来や18歳人口の減少といった変化を踏まえ、AI時代に向け、データサイエンスや数理の教育を、文系・理系問わず全学部で課すとされている。また、全ての大学生、高等専門学校生に、AIの初等教育を行う方針を決めているとのことである。また統合イノベーション戦略推進会議は、2019年6月11日に、毎年25万人の「データサイエンス・AIを理解し、各専門分野で応用できる人材を育成」するという方針を発表した。このように、政策面からAIの社会実装を推進することに本腰を入れ始めた印象であり、あらゆる人々や仕事にAIが入り込み、活用できるような仕組み作りを目指すようになったと感じる。

　その一方で、先のように、AIの必要性は理解しており、AIを活用してみたくても、どこから手を付けてよいのかわからない、という技術者が多いことは直近の問題であろう。その理由として、筆者は、AIに関連す

る基礎的な数学や統計の知識を身に着けていない状況で開発に従事せざるを得ない状況であることや、一通り学んだにしても、どの知識がAIのどこに必要なのか、「交通整理」ができていないことなどが挙げられると思う。筆者も、ふと、これまでの浅い知識で振り返ってみると、AIという仰々しい言葉に圧倒されて、様々な知識が必要なのではないかと思っていた。しかし、開発するにあたって必要な知識は、実はさほど多くないことに気づいたものである。この筆者自身の経験を踏まえると、これから、経験の浅い技術者が、AI開発に従事するにあたっては、この「さほど多くない」必要な知識が、どの機械学習に繋がるか、おぼろげながら見える状況が必要であると感じている。このような状況の必要性を踏まえて、基本的な数学や統計を学べば良いのではないか、ということを感じた。ちょうどこのように感じている中で、AIのための数学や統計に関する書籍を書いてみないか、というお声掛けを頂いた。筆者は元々自動車メーカーで人間工学を専門に研究しており、機械学習の超専門という程ではない。確かに学位論文のテーマは機械学習であったものの、あくまで、「機械学習を活用して動物行動を推定する」という、応用科学的な立ち位置の研究であった。従って、私が書いて良いものだろうか、と、大分躊躇した。しかし、純粋なアカデミアの人間でないという視点から書くことで、あまり専門的な色合いを出さない、経験の浅い技術者に貢献できる書籍を書くことができるかも知れないと思い、お引き受けした次第である。

　本書を執筆するにあたって、どこまで基礎的な数学や統計をカバーすべきか、非常に悩ましい所であった。あまり大雑把であると意味がないし、かといって余りに細かすぎると、「こんなに学ばなければならないのか！」と、読者が困惑するであろう。そこで、筆者自身の経験と、セミナー講師での経験を踏まえて、次の項目に絞り、あまり深入りしない程度に述べることにした。

・確率の基本
・ベイズ推定と最尤推定
・微分・積分の基本

・線形代数の基本

・重回帰分析とは

・最適化問題の基礎

　また、これらの説明の前段階として、なぜこれらの基礎的な数学や統計が AI に必要なのかを簡単に説明するための章を設けている。加えて、簡単な AI の実装例を載せ、基礎的な数学や統計の必要性を、ほんの少しでも感じていただけるようにしている。「最適化問題の基礎」だけはひょっとしたらやや難しいかも知れないが、一読して頂ければ、なぜ基礎的な数学や統計が必要であるか、全体像が見えてくるかと思う。本書は AI や数学、統計の専門書ではなく、「広く、浅く」ではなく「狭く、浅く」をモットーとした内容であるので、より細かく、詳しい内容は専門書に委ねることとする。参考文献についても、本書は、専門書ではなく、敢えて、web サイトを多く参考にしている。基本的には、web サイトで書かれている内容は、かなり噛み砕いた説明をしている内容が多いので、基礎を重視するという本書の狙いに合っていると思ってのことである。もちろん web サイトの中には、数学的な厳密さに欠けている内容もあるので、それについては修正している。ただし、繰り返すが、本書は内容として浅いので、本書の内容をより深く理解したい方は専門書を読んで頂き、自習して頂ければと思う。筆者が諸々の専門書を参考にしたり、セミナーの講師などを務めている中、「超基礎」から「基礎」や「実践」にステップアップするための橋渡しの必要性を感じている。巷の参考書やセミナーは、このような橋渡し的な役割をしているものが、意外と少ない印象である。それ故に、本書の「狭く、浅く」のような特徴を持った書籍は、橋渡し的な役割としては、実は、意外と重要なのではないかと、筆者は勝手に思っている。

　なお、本書は、内容としては「浅い」書籍であるので、AI そのものの説明や、数学や統計の説明も、わかりやすさや、ハードルの低さを重視するために、あまり細かいことは書いていないし、敢えて数学的に厳密な説明をしていない所もある。読者や、その筋の専門の先生からお叱りがあるかも知れないが、理解しやすさを求めることを目的とし、敢えて

そのような体裁にしているため、ご容赦頂ければ幸いである。

　本書を出版するにあたって、科学情報出版株式会社の皆様には、本書をご提案頂いてから出版に至るまで大変お世話になった。また、高橋啓准教授（群馬大学）、岡本一志助教（電気通信大学）には本書の校正に際して貴重なコメントを頂いた。笠置誠佑氏には、第2章のソースコードについてチェック頂き、有益な見解を頂いた。

　特に有泉亮助教（名古屋大学）には、多忙の中、機械学習の専門家の立場として、大変丁寧に校正原稿を見て頂いたと共に、修正点や改善点のアドバイスを頂いた。有泉助教の協力がなければ本書の完成は無かったであろう。

　本書は、著者が初めて執筆した書籍であるが、ここに至ったのも、宮里義彦教授（統計数理研究所）、土谷隆教授（政策研究大学院大学）のこれまでのご指導の賜物と思っている。

　この場を借りて、お世話になった皆様にお礼を申し上げる。

荒川 俊也

目　　　次

第1章　AIと統計学の関わり

第2章　AIを実践的に扱うために

第6章　線形代数の基本

第7章　重回帰分析とは

第8章　最適化問題の基礎

第9章　ここまでの話が、なぜAIに繋がるのか？

第1章

AIと統計学の関わり

近年「AI（Artificial Intelligence: 人工知能）」や「機械学習」という言葉を耳にする機会が多い。なるほど、確かに流行であるために、産業用途においても AI や機械学習を導入しようと考える風潮になっているようである。しかし、まず大事なこととして、そもそも「AI」や「機械学習」は何なのか、ということを整理すると共に、「AI」と「機械学習」はどう違うのか、ということを理解する必要がある。

　本書では AI や機械学習それ自体を詳細に説明はしない。もしくは、説明するとしても最低限に留める。具体的な AI や機械学習の内容やアルゴリズムの説明は他の書籍を参考にして頂き、本書では、AI や機械学習のアルゴリズムを理解するための背景的な知識として用いる、簡単な統計科学について説明する。また、統計学に必要となる数学についても予備知識的に説明する。

1.1　AIと機械学習の違い

　まず、AIとは何か？ということから考えてみよう。AIとは<u>何か</u>、という問いに対しては、実は定義は定まっていない。それは、AI研究者や研究機関による定義のズレがあるため、と言われている。しかし、理解をしやすくするために、東京大学の松尾豊氏の著書「人工知能は人間を超えるか－ディープラーニングの先にあるもの」の言葉を借り、「人工的に作られた人間のような知能」と考えるとしっくり来るし、わかりやすい。

　では、AIというのは一体<u>どのようなものなのだろうか</u>。人工知能学会のホームページでは、AIの研究には2つの立場があるために、「人間のようにふるまう機械」という考え方は、正しいとも、間違いとも言える、と述べている。同ホームページでは、AIの研究における2つの立場は、次のようにされている。

①人間の知能そのものを持つ機械を作ろうとする立場
②人間が知能を使って行うことを機械にさせようとする立場

　専らの現在のAI研究、および産業界でAIを導入するのは、②の立場に則っているものであり、本書においても②の立場で話を進める。
　AIは「人間が知能を使って行う」こと、例えば、画像処理や音声認識、情報検索、自然言語処理、データマイニングなどを機械にさせることができ、人間が知能を使って行うとなれば膨大な時間が掛かったものを、機械であれば短時間でこなしてしまうことができ、人間の負担軽減に貢献できる。例えば音声認識や情報検索について考えてみると、見知らぬ人の声は把握できないが、友人・知人や家族の声は瞬時に把握できる。図書館で書籍を探す場合も、無闇に探すのではなく、どの辺りの書架に自分が探している本があるか、経験則的に把握し、探索範囲を狭めてから、目的となる本を探す、などを行っていると思う。このように人間は自らの知識や経験、推論を上手く反映して効率的に物事を進めている。この「知識や経験、推論」を機械にも取り入れることで、いわば人間の

肩代わりとして人間の知的活動を機械に行わせているということになる。

　さて、今まさに AI がブームであるが、ブームには必ず終わりがある。現在の AI ブームも、どの程度の未来かはわからないが、いつかは終わりが来ると思われる。これまでにも AI ブームがあったが（第一次 AI ブーム、第二次 AI ブーム）、その当時の技術の枠組みを超えた性能を発揮できずに限界を感じ、ブームが沈静化したという経緯がある。従って、過去の AI ブームと同様に、現在の AI ブームも、どこかの局面で、技術の限界故に沈静化するであろうことは念頭に置く必要がある。

　現在の AI ブームは 2015 年以降急速な盛り上がりを見せており、そのきっかけは 3 点あると言われている。

① GPU（Graphics Processing Unit）コンピューティングの普及
②実質的に無限にスケールアウトできるストレージ技術
③取り扱うデータ量の膨大化、ビッグデータ化

　これらのきっかけが三位一体となり、いわばニーズとシーズが一致したこともあり、現在の AI ブーム（第三次 AI ブーム）が到来したと言える（図 1-1）。その結果、様々な交通環境に対応できると期待される自動運転技術への適用や、膨大な棋譜データを基に推論する将棋ソフトなどへの応用事例が出現している。全て膨大な計算量が求められており、多くの物理量を処理する必要があり、また、膨大なデータをストレージする必要があるという状況であり、まさに計算機が取り巻く環境（技術の進歩）に適合していると言えよう。

　さて、AI と機械学習の違いである。機械学習は AI の中に含まれる。AI を構成する技術の一つとして機械学習が含まれている、と見なせば良いであろう。さらに言うと、意外と誤解が多いようだが、ディープラーニング（深層学習）は、機械学習とは別領域の独立した技術のように捉えている人が少なからずいる印象である。しかし、ディープラーニングは機械学習の中に含まれる。従って、機械学習と AI は全く異なる概念、

別物、と考えることは間違いであることに留意されたい。そして、AI
を学ぶためには、機械学習にはどのようなものが存在するかを大局的に
見ることがファーストステップになるであろう。なお、本書は「AIエン
ジニアのための」というタイトルを踏まえて、機械学習と書くべき所を、
AIと書いている場合もあることをご了承頂きたい。

　さて、図1-2は、AIの歴史を示したものである。
　AIの歴史は古い。機械による計算が可能になり、コンピュータが開
発されると、今まで哲学・数学・論理学・心理学などの分野で論じられ
ていた「人間の知的活動を行う機械」を作る試みがいくつか始められた。

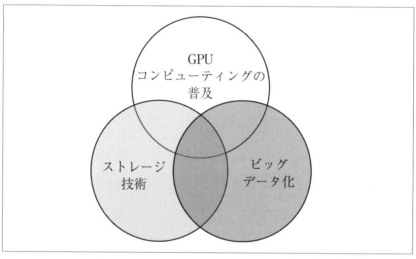

〔図 1-1〕AI ブームのきっかけになった技術

〔図 1-2〕AI の歴史

人工ニューロンの提案、チェスプログラムの作成などがこの「人間の知的活動を行う機械」にあたる。1950 年代には第一次人工知能ブームが起こり、1956 年にはダートマス会議で、この分野を"Artificial Intelligence（人工知能）"と呼ぶようになった。1980 年代には人工知能ビジネスが立ち上げられ得るとともに、機械学習の研究が本格化した。遺伝的アルゴリズムなどの、進化を模倣した手法も導入された[1]。これが第二次人工知能ブームである。第一次、第二次共に実問題への対応が困難とされ、ブームの隆盛と衰退を経験している。そして 2000 年代から現在までが第三次人工知能ブームとされている。2006 年にディープラーニングが提唱され、今や様々な分野でディープラーニングを適用する向きがある。過去二回のブームにおいては、AI が実現できる技術的な限界よりも、社会が AI に対して期待する水準が上回っており、その乖離が明らかになることでブームが終わったと評価されている。このため、現在の第三次ブームに対しても、AI の技術開発や実用化が最も成功した場合に到達できる潜在的な可能性と、実現することが確実に可能と見込まれる領域には隔たりがあることを認識する必要があるとされている[2]。

1.2　「教師あり学習」と「教師なし学習」

　機械学習には大きく分けて、

・教師あり学習
・教師なし学習
・強化学習

の3つが存在する。本書では「教師あり学習」と「教師なし学習」を対象とする。

　まず、教師あり学習から説明する。教師あり学習とは、読んで字の如く、「教師がある」状態で学習するものである。ここでいう「教師」とは、多くの得られたデータを指す。このデータには、入力データと正解データが含まれる。この「入力データ」と「正解データ」を対にして捉え、入力データの特徴や傾向を読み取り、どのような特徴や傾向であれば「正解データ」を導き出せるのか、学習するものである。例えば動物の画像を「入力データ」として与え、それぞれの画像には正解データのラベルとして「犬」「猫」「狐」「熊」などの情報を与える。入力した画像から特徴や傾向を抽出し、どのような特徴や傾向が正解データに結びついているか学習する。この学習結果を用いて、任意の画像を入力したときに、その画像はどの動物を示しているかを判定することができる。つまり、「教師あり学習」とは、通常は人間が教師役として「入力」と「正解データ」を計算機に与え、「入力」と「正解データ」をもとに、計算機がそれらの特徴を学習し、未知のデータについても判断できるようになるものである[3]。ニューラルネットワークなどが「教師あり学習」の代表例であり、迷惑メールフィルタや個人認証などで用いられている。

　その一方で、教師なし学習とは、「教師あり学習」とは対極的に、正解データは与えられていない。データの傾向から、確率論や統計学的に規則性やルールを発見したり、共通項を持つクラスタに分類し、それに基づいて一般的な傾向や頻出パターンを導き出すものである。クラスタリングや隠れマルコフモデルなどが「教師なし学習」の代表例であり、

顧客の購買傾向や特徴抽出などで用いられている。

「教師あり学習」と「教師なし学習」の手法の一例を表 1-1 に示す。

それぞれの具体的な方法（詳細）は本書では述べないので、必要に応じてそれぞれの手法について述べている参考書を参照頂きたい。但し、次章以降で、主要な手法について、必要に応じて簡単な説明だけは行う。

〔表 1-1〕「教師あり学習」と「教師なし学習」の手法の一例

学習の種類	手法	概要
教師あり学習	一般化線形モデル	残差を任意の分布とした線形モデル
	決定木	木構造を用いて分類や回帰を行う手法
	判別分析	複数のグループのどこに分類されるかを決める
	サポートベクタマシン	非線形回帰分析手法の一つ
	ニューラルネットワーク	脳機能に見られるいくつかの特性に類似した数理的モデル
教師なし学習	クラスタリング（k-means 法など）	データから法則を学習して、データのまとまりを自動で見つける方法
	混合ガウスモデル	ガウス分布（正規分布）の線形重ね合わせで表されるモデル
	隠れマルコフモデル	観測されない状態をもつマルコフ過程

1.3　AIと統計学

　ここまで述べて、なぜAIの学習に数学や統計学が必要であるか、という ことを説明できる。1.2節で述べた「教師あり学習」と「教師なし学習」の全てではないが、多くの手法は、数学や統計学的な知見が下地にあるか、もしくは、数学や統計学的知見をそのまま活用しているものである。例えば、「一般化線形モデル」については、名称こそ異なるが、(重)回帰分析そのものであるし、更に詳細に考えていく上では、尤度やAIC（赤池情報量規準）といった考え方も求められる。ニューラルネットワークでは凸最適化の考え方も学習の過程で求められる。混合ガウスモデルでは正規分布の考え方が必要であるし、隠れマルコフモデルはベイズ推定の考え方の上に成立しているものである。「統計学とAIの違い」という意味では、色々と議論が起こっているようであるが、（異論はあると思うが）筆者は、AIを構成するため・学習するための要素としての統計学という観点も重要であると思われる。

　確かに最近はwebサイト上で様々なソースコードをダウンロードできるため、統計科学の知見が無かったとしても、ソースコードをそのまま実行したり、手持ちのデータに差し替えた上で、一部のソースコードを改良すれば、所望の結果を得ることができるようになっている。AIの学習という観点では、効率的であるし、便利である。しかし、自分自身でソースコードに手を加えていくことにより、所望の機械学習を実現できることにもつながる。いわば「かゆい所に手が届く」ようにするためには、ソースコードの意味を理解する必要があると、筆者は考える。先にも述べたように、AIのアルゴリズムは、統計学の知識や知見に基づいて作られている。そのために、ソースコードにも、一部に、統計科学の内容が反映されていることは言うまでもない。従って、AIを構成するため・学習するための要素としての統計学を学ぶことは、ややもすればブラックボックス化されるAIのアルゴリズム構築の幅を広げることに繋がり、エンジニアの所望のAIのプログラム構築や、構築したプログラムを活用して成果を生み出すことに繋がる。

1.4 AI の実用例

では、AI は、実際の産業にはどのように活用されているのだろうか。色々な事例を見てみよう。

(1) 音声認識

iphone に搭載されている Siri は高度な音声認識アシスタントである。また、2017 年に発売された Google Home は AI が搭載されたスピーカー(スマートスピーカー)である(図 1-3)。どちらも、声で操作することが可能であり、天気予報を教えてくれたり、スケジュール管理、家電のON/OFF、音楽や Youtube の再生などをやってくれる。AI によるコンシェルジュが搭載されていると考えて良いだろう。

TV 番組「ナイトライダー」で、主人公と愛車が会話でコミュニケーションを行うような光景に憧れを抱いた人もいたと思う。カーナビゲーションシステムに音声認識が搭載されたときは、それこそ、ナイトライダーのように、自分と車がコミュニケーションを取れるような未来的なシーンがとうとうやってきたと期待して使ってみるが、定型文や限られた語彙しか認識しないことがわかった。そして、実際の走行中の認識精度も悪いために、使われなくなってしまう。この問題を解決したのが

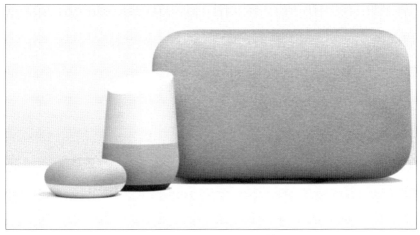

〔図 1-3〕Google Home [4]

AI の進化である。AI の導入によって、音声認識技術における認識精度は飛躍的に向上した。Google Home が出現した（出現できた）のも、この認識精度の飛躍的向上の賜物であろう。Google Home 以外にも、Amazon の Alexa など、様々なスマートスピーカーが出現している。

　Google Home を含めたスマートスピーカーが、ユーザが発した音声を認識し、理解し、レスポンスするまでの仕組みは非常に簡単である[5]。ユーザの音声を取り込んで、フロントエンドのクラウドサービスに送り出す。そして、フロントエンドのクラウドサービスからの返答を音声化して出力する。この「クラウドサービス」上に AI（AI アシスタント）が使われている[6]。AI アシスタントとは「人間の要求に対して応えてくれる人工知能」と解釈して差し支えない。

(2) 画像処理

　十把一絡げに「画像処理」としているが、画像認識や画像生成などを含む。

(2.1) 画像認識

　一番馴染みのある例は文字認識であろう。例えば OCR（Optical Character Recognition/Reader、光学的文字認識）の例を挙げてみる。スキャナーなどで読み取った原稿がそのままテキストに変換されるもので、昔から存在している。パソコンなどで作成された文書や新聞などのドキュメントに記載されている文字を認識することは従来からなされてきた。しかし、手書き文字の認識は、書き手の癖やばらつきがあり、認識が極めて難しい。そこで AI を活用するのである。例えばキヤノンは「手書き AI OCR ソリューション」を導入し、手書き文字の OCR による文字認識に AI を活用している。AI を導入するメリットとして、手書き文字の認識精度向上だけでなく、業界用語への対応もポイントとして挙げられる。トレーニングデータを用意することで、さまざまな言語、業界用語の手書き文字認識への応用も可能とのことである。ディープラーニングによりデータを処理しながら学習することで、読み取り精度が継続的に向上していることが訴求点である。なお、MNIST という手書き数字の文字認識のタスクは、機械学習を学ぶ際の練習問題としてよく使われ

ている（図1-4）。AIの導入によって文字認識技術の精度はほぼ100％に近い数値が得られている。

　顔認証や病巣の検出などでも画像認識技術は用いられている。今後期待されている自動運転技術においては、一般道における自動運転を実現するためには、複雑な環境下における対象物（他車両や歩行者、自転車など）を認識し、また、予測する必要がある。一般道は、高速道路とは異なり、様々な対象物が存在し、複雑な挙動を行う。地道な手段として考えるならば、対象物の全ての行動パターンを網羅し、データベース化した上で、それぞれの行動パターンに対して最適な行動を行うように設計することであるが、到底不可能である。そのため、AI技術を活用する。カメラ映像から周辺物体を高精度に認識する技術や、自車周辺の車両、歩行者の動きを事前に学習し、将来どのように動くかを予測する技術の検討が進められている[7]。また、これまでの周辺認識では、人、車、白

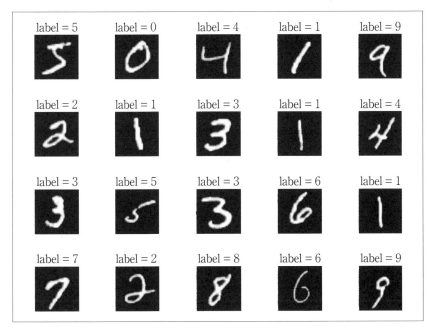

〔図1-4〕MNISTの一例

線をそれぞれ認識していたが、ディープラーニングを用いることで、個別に認識するのではなく、運転シーン全体を網羅的に認識することができるようになる[8]。

(2.2) 画像生成

　その名の通り、画像を自動的に生成する技術である。任意の入力画像を用いて、特徴をAIが学習し、描画することができる。画像生成で、近年注目されている技術として、敵対的生成ネットワーク（Generative Adversarial Network: GAN）がある。例えば特定の建築物のデザインを生成する事例[9]（図1-5）や 1024×1024 のアイドルの顔画像を安定して自動生成する事例[10] など様々である。

(3) 意思決定

　ソフトウェアの発達が人間の本質である意思決定を支援する時代をもたらした。そして、意思決定を情報処理の立場で分類すると、統計、OR、AI、数値計算の4つに分類されるとされている[11]。ビッグデータを扱えるようになったことで、重要な局面での判断にAIが使われるようになっている。例えば、事前にコンピテンシーの基礎分析をする仕組

〔図1-5〕GANを用いた特定の建築物のデザインの生成事例、
　　　　左：学習させた教師画像の一例、右：単体での画像生成の一例

みを開発し、成果事例の情報収集と基礎分析を自動化することに AI を用いている事例⁽¹²⁾や、営業現場の情報をダイレクトに営業戦略へ活かし、営業現場の付加価値向上・業務効率化を AI でサポートするサービス⁽¹³⁾が存在する。

1.5　AIの活用について

　とはいうものの、何でもかんでも AI ということではなく、AI の活用が望ましい分野というものもある。有識者アンケートによると、具体的に AI がどのような課題の解決に寄与するかを尋ねたところ、次のような回答が得られた[14]。

・労働力不足や過酷労働、およびそれに起因する問題（例えば、介護、モニタリング、セキュリティ維持、教育）
・農業・漁業の自動化による人手不足問題の緩和
・犯罪の発生予知、事故の未然防止、個々人の必要に応じたきめ細かいサービスの提供、裁判の判例調査、医療データの活用等での課題解決
・職人の知識 / ノウハウの体系化による維持と伝承

　以上を踏まえて、実際にどのような分野への利活用が望ましいか、有識者アンケートを集計した結果、

・検診の自動化
・公共交通の自動運転
・救急搬送ルートの選定
・交通混雑・渋滞の緩和

などの社会的課題の解決が期待される分野におけるニーズは比較的高く、一方、

・金融やマーケティング
・コミュニケーション

といった、産業や個人の生活に関わる分野では、AI の利活用ニーズが相対的に低いという結果が得られている[14]。

1.6 なぜ「AIと統計学」なのか

さて、本書では、AIと統計学という内容であるが、おそらく、AIに余り馴染みのない読者諸兄にとっては、AIと統計学の関連性について、あまりピンとこないかも知れない。なぜ統計学が必要なのだろうか。それは、AIを設計するプロセスにおいて、求められる知識に起因すると考える。

AIを設計するプロセスにおいて求められる知識は次の通りである。

①比較対象技術の選定と評価関数の設計

機械学習に必要な既存技術を「だいたい」理解したら、まずは公正に評価できる式（認識率や検出率などの評価式）が必要である。評価関数とは、簡単に言うならば、その状況が、目標とする事柄（例えば推定など）に対して最適な結果かどうかを判断するための評価式、と考えれば良いだろう。この評価関数の設計も重要である。評価式の算出や評価関数の設計には基本統計量の知識が必要である。また、学習がいつまでも続くことがないように、どこかで落ち着かせなければならない（収束させなければならない）ため、凸最適になるような式を選ぶ必要がある。

②教師データの解析

まずは機械学習させるにあたって用いるデータの抜けや漏れ、化けが無いか、偏りが無いかチェック、クリーニングし、データを選定する。偏り検知のために、多変量解析などを行い、仮説の因数を使って分析する。その結果、母集団には独立因子があり、かつその因子の相関が高いデータに大きな偏りがあれば、データを減らす。

③未学習データ（推定に用いるデータ）の解析

未学習データ（推定に用いるデータ）も、同じく偏りを見て、正す。

④テストデータの作成

学習が正しく行われるかをチェックするため、予め、必ず収束すると理論的に保証され、答えが分かっているテストデータを作る。これは学習部の実装のバグ検出に用いるためである。

この時に、確率モデルならガウス分布と期待値、ニューラルネットワークならステップ入力と期待値を入れる。ベイズ推定を知っていなけれ

ば期待値が作れない。

⑤最良のモデル選定

　教師データの特性に併せて、決定論か確率論かを決める。計算量や可視化など、使い手が必要とする各要件も考慮し、モデルを選ぶ。ベイズ推定や確率論などの知識は必要になる。

⑥学習

　ハイパーパラメータをいじりながら、学習を収束させる。グリッドサーチなどでは実験計画手法の知識が必要であるので、ハイパーパラメータが多いなら、多変量解析などによって、動かす因子＝パラメーターを絞る。ベイズモデルなら、各ノードの尤度を見ながら、収束しているかを確認する。

　もしくは、出力された時系列データや画像を見て、正解データと見比べながら、誤検出したデータの原因を考える。

⑦未学習データによる評価

　未学習データの評価が、他手法に比べて良かったか比較する。評価関数によって、統計手法や確率論を駆使して、優位な差があるかを検定する。ビッグデータの場合、古典統計学のｔ検定などは使えないことが分かっているので、出力された波形と期待値の波形を見比べ、基本統計量で差があることを主張する。

　色々と難しい用語が出てきたと思うが、今はわからなくても構わない。まずは本書を一通り読んだ後にまた戻ってくれば、理解できるものと思われるので、気にしないで頂きたい。

1.7　本書で扱う統計学の内容

　本書では、機械学習に関連する統計科学として、次の内容について扱う。

・正規分布

　機械学習においては、データの前処理が必要になる。このときに正規化という処理を行うが、このとき、分布は、標準正規分布に従うことを前提とする。ではなぜ正規化を行うかというと、機械学習においては様々な単位のデータが入力になりうる。そしてこれらは単位がばらばらである。単位がばらばらであるデータを入力として機械学習させるより、共通の尺度で統一された値を入力データとして与えた方が、精度の良いモデルができるためである [15]。

・ベイズ推定

　機械学習のタスクでは、データセットが与えられたときに、それをもとにした推定がいくつかある中で、どの推定が尤もらしいか、ということが問題になる。例えば分類タスクでは、そのデータ点（サンプル）がどれに分類されるか、ということが、推定に相当する。このように、どの推定が尤もらしいかを判断するときに用いるのがベイズ推定である [16]。

・重回帰分析

　重回帰分析は機械学習の中でも最も基本的なモデルであり、「最も幅広く活用されている手法」であると言える [17]。また、ニューラルネットワークにおけるニューロンの発火にあたっては、線形結合された値が一定の閾値を超えることが必要である。この「線型結合された値」は、重回帰分析の知識も活用していると言えよう。

・凸最適化

　機械学習は何らかの関数を定義して、それを最適化することが殆どである。ディープラーニングを始めとする多くの機械学習の手法は、最適化問題を解けば良いことが知られている。従って、最適化問題を理解することは、機械学習の様々な理論の効果的な理解に繋がる [18]。統計学の中には最適化問題が多く含まれている。最適化問題自体は非常に広範囲で、本書の対象となる読者にはやや難しいかも知れない。そのため最

適化問題の導入として、本書では凸最適化をとり上げる。

　また、それぞれの内容では、基本的な微分・積分および線形代数の知識を用いる。これらについても、機械学習の基礎を学ぶにあたって十分なレベルの内容を述べている。

1.8 本章のまとめ

　ここでは、なぜ機械学習なのに統計科学を学ぶのか、その理由について簡単に述べた。なんとなく理解できた、という方もおられるだろうし、まだ今ひとつピンと来ない方もおられるだろう。何れにせよ、本章の内容は、ある程度把握して頂き、「なるほどな」程度で済ませてしまっても構わない。「なるほどな」程度の理解の上で、次章以降を一度読み進めて頂き、また本章に戻ってきて頂く、もしくは、一度機械学習の参考書や専門書を読んで、実際に機械学習のプログラムを組んでみて頂いた後で、本章に戻ってきて頂ければ、本章で書いていることを納得して頂けるものと考えている。

参考文献

(1) 西田豊明：人工知能研究半世紀の歩みと今後の課題, 情報管理, 55(7), pp.461-471, 2012.

(2) 総務省：平成28年版情報通信白書、
http://www.soumu.go.jp/johotsusintokei/whitepaper/ja/h28/pdf/index.html
（最終アクセス日：2019年7月20日）

(3) AI 人工知能テクノロジー,
https://newtechnologylifestyle.net/
（最終アクセス日：2019年7月20日）

(4) Lifehacker: Google Home で複数のカレンダーを管理できるようになりました,
https://www.lifehacker.jp/2017/12/171208-how-to-manage-multiple-calendars-with-google-home.html
（最終アクセス日：2019年7月20日）

(5) INTERNET Watch: 呼びかけにどう応答しているのか？ Amazon Echo や Google Home が動く仕組み,
https://internet.watch.impress.co.jp/docs/column/nettech/1107574.html
（最終アクセス日：2019年7月20日）

(6) SmartHacks Magazine: AI スピーカーとは？概要や種類、できることを分かりやすく解説,
https://smarthacks.jp/mag/22891
（最終アクセス日：2019年7月20日）

(7) 児島隆生, 長田健一, 伊藤浩朗, 堀田勇樹, 広津鉄平, 小野豪一：「つながるクルマ」で実現する自動運転技術 自動運転の高度化を支える知能化技術, 日立評論, 99(5), pp.52-56 (2017).

(8) 未来コトハジメ：「運転シーン」の AI 認識で予測精度向上へ,
https://project.nikkeibp.co.jp/mirakoto/atcl/buzzword/h_vol18/
（最終アクセス日：2019年7月20日）

(9) 大野耕太郎, 山田悟史：Deep Learning を用いた画像生成 AI の建築都市デザイン分野への適用可能性, 日本建築学会・情報システム技術委

員会第 41 回情報・システム・利用・技術シンポジウム 2018 予稿集,
報告 H81, p.246-249 (2018).

(10) DataGrid: アイドル自動生成 AI を開発,
https://datagrid.co.jp/all/release/33/
（最終アクセス日：2019 年 7 月 20 日）

(11) 新村秀一：意思決定支援システムの鍵, 講談社 BLUE BACKS (1993).

(12) 株式会社ヒトラボジェイピー：最新の心理学とテクノロジーを利用,
https://hitolab.jp/human-resources/
（最終アクセス日：2019 年 7 月 20 日）

(13) Stockmark: AI でなぜ売れた・売れなかったのかを解析する「Asales」
をリリース／営業現場を効率化し、営業企画の意思決定プロセスを高
速化,
https://stockmark.ai/2018/11/30/423/
（最終アクセス日：2019 年 7 月 20 日）

(14) 総務省：人工知能（AI）の現状と未来, 平成 28 年度情報通信白書第
1 部第 2 節, pp.232-241（2016）.

(15) sinyblog: これだけはまず覚えよう！データ前処理の正規化【入門
者向け】,
https://sinyblog.com/deaplearning/preprocessing_001/
（最終アクセス日：2019 年 9 月 7 日）

(16) Avinton: 機械学習入門者向け Naive Bayes（単純ベイズ）アルゴリズ
ムに触れてみる,
https://avinton.com/academy/naive-bayes/
（最終アクセス日：2019 年 9 月 7 日）

(17) codExa. 機械学習 線形回帰入門,
https://www.codexa.net/linear-regression-for-beginner/
（最終アクセス日：2019 年 9 月 7 日）

(18) スキルアップ AI, 機械学習・ディープラーニングのための最適化基礎,
https://skillupai.doorkeeper.jp/events/76873
（最終アクセス日：2019 年 9 月 7 日）

第2章

AIを実践的に
扱うために

本書を読んでいる方は、恐らく、AI にあまり詳しくないものの、使わざるを得ない状況にあるのではないだろうか、しかし、どのように使ってみれば良いか皆目検討がつかない、という方が多いのではないかと思う。そこで、本章では、AI を業務・実務で、実践的に使うために、どのような準備をすれば良いか、簡単に説明したい。

2.1　ソフトウェア (プログラミング言語)

　まず誰でも気になるのは、どのようなソフトウェア (プログラミング言語) を使うべきか、ということだろう。「単に使うだけ」であれば、
・Matlab®
・R
・Python
を使うのが専らであろう。

2.1.1　Matlab®

　Matlab® とはアメリカの MathWorks 社が開発している数値解析ソフトウェアである (図 2-1)。例えば MathWorks のホームページを参照すると[1]、Matlab を用いた機械学習の事例として、次のようなものが挙げられている。

・交通標識認識
・車両検出器の学習

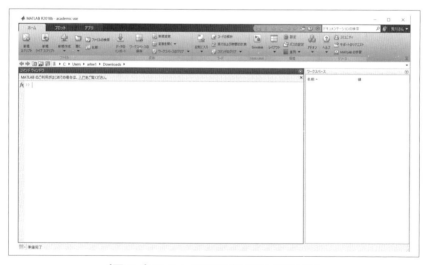

〔図 2-1〕Matlab の画面 (画面は R2018b)

・車両テストデータの解析
・風力タービンの高速ベアリングの故障予測
・遠心ポンプの故障診断

しかし、機械学習を行うにあたっては、有料の Toolbox を導入する必要がある。例えば、交通標識認識においては、Curve Fitting Toolbox、Image Processing Toolbox、Parallel Computing Toolbox、Signal Processing Toolbox、Statics and Machine Learning Toolbox が必要とされており [2]、車両テストデータの解析では、Deep Learning Toolbox、Parallel Computing Toolbox、Statics and Machine Learning Toolbox が必要とされている [3]。何を推定・検出するかに依存するものの、基本的に、推定・検出するにあたって、相応のコストが掛かると言えよう。

2.1.2 R言語
　Rはフリーの統計ソフトである。R言語は文法的には、統計解析部分は AT&T ベル研究所が開発した S 言語をを参考にしており、またデータ処理部分は Scheme の影響を受けている [4]。R言語はオープンソースであり、CRAN パッケージ等によって日々拡張しうる、つまり「フリーソフトウェアの精神に則り永続的で世界規模な集合知に支えられ、無償でありながら高い信頼に値する」統計環境である。世界中の R ユーザーが、作成したパッケージを CRAN で公開しており、これらは自由に使用できる。CRAN は R 資産の知識共有メカニズムと言え、CRAN によって R 言語の機能は日々強化されている。R 言語本体のみでも機能は潤沢だが、第一線ユーザ達の実務経験が反映した豊富なパッケージ群は大きな助力となりうる [4]。
　Rでは使いたい機械学習の手法に応じて必要なパッケージが用意されている。例えば R でニューラルネットを使う場合は neuralnet や nnet パッケージを、サポートベクタマシンを使う場合は e1071 パッケージなどが用意されているため、導入は比較的易しい。また、R 上で GPU を使う方法もいくつかある [5]（表 2-1）。

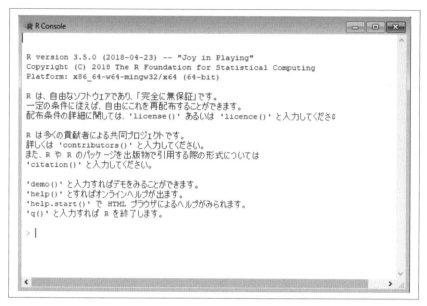

〔図2-2〕Rの画面（画面は v3.5.0）

〔表2-1〕R上で GPU を使う方法

	NVBLAS	gputools	gpuR
概要	GPU を使用する BLAS を実装する	GPU を使用する 新たな関数を実装する	GPU を使用する 新たな関数を実装する
インストール方法	CUDA® 同梱	R package	R package
GPU	NVIDIA®	NVIDIA®	NVIDIA®、AMD® など

　この中では、NVBLAS が、インストールが簡単でコードの書き換えが不要とされている。なお、R単体で使うだけでなく、RStudio というソフトウェアを使うことによって、統合開発環境を得ることもできる（図2-3）。もちろん、Rを使うのであれば、R単体だけでも全く問題ない。しかし、ある程度プログラミングに慣れている方であれば、RStudio のインタフェースの方が、とっつきやすいのではないかと思う。

　たとえば、Rには、iris というデータセットが標準で入っている。このデータセットを対象にして、機械学習を使った推定を行ってみる。なお、

〔図 2-3〕RStudio の画面

iris とは「アヤメ」のことである。ちなみに、本書では、R の導入方法や
基本的なコマンドなどは既知のものとする。もし R について慣れてい
ない方は書籍を参照して頂きたい。

　まず、iris がどのようなデータであるか確認する。

```
> dim(iris)
[1] 150   5
> head(iris,10)
  Sepal.Length Sepal.Width Petal.Length Petal.Width Species
1          5.1         3.5          1.4         0.2 setosa
2          4.9         3.0          1.4         0.2 setosa
3          4.7         3.2          1.3         0.2 setosa
4          4.6         3.1          1.5         0.2 setosa
5          5.0         3.6          1.4         0.2 setosa
6          5.4         3.9          1.7         0.4 setosa
```

7	4.6	3.4	1.4	0.3 setosa
8	5.0	3.4	1.5	0.2 setosa
9	4.4	2.9	1.4	0.2 setosa
10	4.9	3.1	1.5	0.1 setosa

　dim(iris) でサイズを確認すると、150×5 行列であることがわかる。また、具体的にその中身を見てみると、5つの列はそれぞれ Sepal.Length（がく片の長さ）、Sepal.Width（がく片の幅）、Petal.Length（花弁の長さ）、Petal.Width（花弁の幅）、Species（種、setosa（ヒオウギアヤメ）、versicolor（ブルーフラッグ）、virginica（バージニア・アイリス）の3種類）になっていることがわかる。150 個の行は 150 個の個体であることを意味している。

　さて、ここでは、機械学習の手法の一つであるニューラルネットを使って、Sepal.Length、Sepal.Width、Petal.Length、Petal.Width それぞれからアヤメの種類（Species）を推定することを試みる。概念としては図 2-4 のようになる。

　まず、ニューラルネットワークのライブラリをインストールした上で、

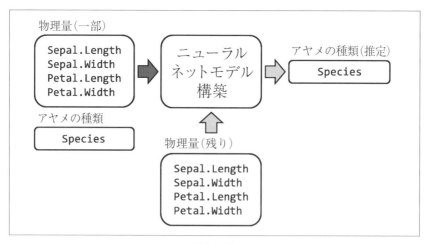

〔図 2-4〕

使えるようにする。必要なライブラリは nnet というライブラリである。

```
> install.packages("nnet")
> library(nnet)
```

　つぎに、機械学習のトレーニングに使うデータセットを設定する。暫定的にここでは半分をデータセットとして使い、機械学習で得られたモデルを用いて推定するためのトレーニングセットとして設定する。
　まず、150 個のサンプルから、任意の 75 個を抽出する。この 75 個のデータを学習用のデータとして変数 train に格納する。

```
> idx <- sample(nrow(iris),75)
> train <- iris[idx,]
> test <- iris[-idx,]
```

　言うまでもなく train には Sepal.Length、Sepal.Width、Petal.Length、Petal.Width、species が格納されているため、75×5 行列のデータセットとなっている。この 75 個以外の残りの 75 個をテストデータ（検証用データ）とし、変数 test に格納する。test にも Sepal.Length、Sepal.Width、Petal.Length、Petal.Width、species が格納されているため、75×5 行列のデータセットとなっている。
　このデータを基にして、ニューラルネットワークを構築、モデルを作る。
　R でニューラルネットワークを構築するには nnet という関数を用いる。最初の引数は、どの変数を用いて、何の変数を推定するか、を示す引数である。ここでは種である Species を目的変数として指定し、それ以外の変数（Sepal.Length、Sepal.Width、Petal.Length、Petal.Width、species）を説明変数として、Species を推定するモデルであることを明示している。次の引数、size は隠れ層の数である。size = 2 で隠れ層を 2 と設定する。decay はハイパーパラメータを示している。train は最適化計算の最大回数で、ここでは 1000 回としている。data は学習に用いるデ

一タセットを示している。ここでは train データセットを学習に使うために、data = train としている。

```
> n_net <-nnet(Species~.,size=2,decay=0.0001, maxit=1000, data = train)
```

上記を実行すると次のように表示される。

```
# weights:  19
initial  value 94.137711
iter    10 value 82.358255
iter    20 value 82.356233
iter    30 value 69.518411
iter    40 value 34.167356
iter    50 value 34.082479
iter    60 value 34.056811
iter    70 value 34.028775
iter    80 value 34.014539
iter    90 value 34.009482
iter 100 value 33.439294
iter 110 value 0.808569
iter 120 value 0.204635
iter 130 value 0.149913
iter 140 value 0.124267
iter 150 value 0.112701
iter 160 value 0.103333
iter 170 value 0.094447
iter 180 value 0.092955
iter 190 value 0.092458
iter 200 value 0.092063
iter 210 value 0.091294
```

```
iter 220 value 0.090976
iter 230 value 0.090944
iter 240 value 0.090911
iter 250 value 0.090859
iter 260 value 0.090840
iter 270 value 0.090836
iter 280 value 0.090831
iter 290 value 0.090828
iter 300 value 0.090827
iter 310 value 0.090826
iter 320 value 0.090825
iter 330 value 0.090824
final    value 0.090823 converged
converged
```

このメッセージについては、「学習を繰返していく（iterが増える）と次第に正しい値が得られるように近づいていく」ということを示していると考えれば良い。なお、iterはiterationの略で、学習の繰り返し数を表している。

　次に、学習されて得られたネットワークを可視化する。そのためには新たなパッケージ、NeuralNetToolsを導入する。

```
> install.packages("NeuralNetTools")
> library(NeuralNetTools)
```

　導入した後、次のコマンドを入力すると、ネットワークが可視化される（図2-5）。

```
> plotnet(n_net)
```

　図2-5を見るとニューラルネットワークの構造がわかりやすく理解できるのではないだろうか。つまり、隠れ層（H1とH2: HはHiddenの頭文字）に対しては、4つの変数（Sepal.Length、Sepal.Width、Petal.Length、Petal.Width）が重み付けされ、更に定数項（B1）が考慮され、線形結合されている。それぞれの隠れ層からは、同様に、何らかの重みが掛けられ、更に定数項（B2）が考慮され、3つの目的変数 setosa、versicolor、virginica を出力している。では、図2-5で、灰色の線や黒い線、細い線や太い線は何を表しているのだろうか。このことを把握するために、次を実行してみよう。

```
> summary(n_net)
a 4-2-3 network with 19 weights
options were - softmax modelling   decay=1e-04
b->h1 i1->h1   i2->h1    i3->h1    i4->h1
5.16   5.56     0.85      -5.46     -9.55
b->h2 i1->h2   i2->h2    i3->h2    i4->h2
-0.43  -0.71    -1.89     3.27      1.35
b->o1 h1->o1   h2->o1
4.14   4.75     -11.54
b->o2 h1->o2   h2->o2
-8.46  8.22     7.12
b->o3 h1->o3   h2->o3
4.32   -12.97   4.43
```

　a 4-2-3 network とあることから、4入力、中間層が2層、3出力であるネットワーク構造であることがわかる。
　さて、この結果は、学習が完了したときの、図2-5における各点から各点への重みを示している。例えば、i1->h1 は、図2-5において、i1とh1を結ぶ線の重みが5.56であることを示している。この結果と図2-5を照合させると、次のことが把握できると思う。

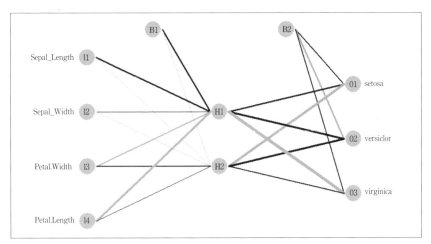

〔図 2-5〕ネットワークの可視化

・重みが正の値であれば黒色、負の値であれば灰色で示されている。
・重みの値が大きくなればなる程、線が太く表現されている。
　このことを理解すれば、図 2-5 より、どの変数がどの変数に影響して
いるか、など、把握しやすくなる。
　ここでまた図に戻るとすると、例えば、H1 に対しては、B1、I1、I2、
I3 それぞれが結合している。B1 は定数項（バイアス）、I1 は Sepal.
Length、I2 は Sepal.Width、I3 は Petal.Length、I4 は Petal.Width を表して
いる。summary(nnet.model) の結果も併せて考えると、H1 は次のような
式で表せるということは把握できるかと思う。

$$H1 = 5.16 + 5.56 \times Sepal.Length + 0.85 \times Sepal.Width$$
$$- 5.46 \times Petal.Length - 9.55 \times Petal.Width$$

このように考えると、ニューラルネットワークというものは、要素と要
素が重み付けの線形結合されており、それらが組み合わさってできてい
るものと解釈することができる。そして、この重みを最適化するために、
繰返し演算を行うことによって、最適な解に落ち着くようにしているの
である。

　なお、これまでの結果は、動作させる環境や状況によって異なるため、実際に動作させたときには上記と異なる数値になることに留意されたい。

2.1.3　Python

　Python とは 1991 年にオランダ人のグイド・ヴァンロッサムにより開発されたプログラミング言語であり、組み込み開発や Web アプリケーション、デスクトップアプリケーション、AI 開発、ビッグデータ解析など多岐に渡っている。

　Python が使われている理由として、次の 5 点が挙げられている[6]。

①言語としての信頼性

　Youtube や Instagram、Dropbox など、テック系大企業のサービスの根幹には Python が使われていることもあり、言語として信頼性が担保されている。

②文法が簡単

　Python が他の言語との大きな違いで言われていることの一つとして、コードがシンプルであり、可読性に優れていることが挙げられる。C言語などはエンジニアによってコードの癖があり、他のエンジニアが書いたコードを解読することが難しい。しかし、Python はシンプルかつ最低限のコード記述が可能であり、他のエンジニアが書いたソースコードを読み、理解することが非常に容易である。従って、コーディングに手間を掛けず、データセットの前処理やアルゴリズムの構築や調整など、コーディング以外の箇所に工数を割くことが可能となる。

③プログラミング初心者向き

　AI や機械学習エンジニアのバックグラウンドは、「数学」や「統計」などの専門家であることが多い。「数学」や「統計」をバックグラウンドとしてきた人間にとっては、プログラミングの土台となる知識や経験がないため、シンプルかつ可読性に優れる Python が好まれてきたという経緯があると言われている。従って、Python が「プログラミング初心者向き」であるとみなされてきている。

④ライブラリが充実している

　Pythonでプログラミングを行う場合は、ゼロベースでソースコードを作成することはなく、ライブラリやフレームワークを流用することが多い。Pythonには、非常に多くの機械学習向けのライブラリやフレームワークが存在しており、これを流用すれば所望のAIや機械学習を試すことができる。また、Pandasのようなデータセットの前処理を行ったり、Numpyのようなデータを高速に処理するライブラリやフレームワークを活用することができる。なお、ライブラリの数は数万に上っているため、自分の作りたいプログラムを作成することが極めて容易である。

⑤組み込みシステムとの親和性

　近年は組み込みコンピュータとしてRaspberry Piが使われている。このRaspberry Piが産業用途で用いられる事例も増えている。Raspberry Piにおけるプログラミング学習環境としてはPythonが標準インストールされており、デスクトップやラップトップPCを用いて机上で検討した結果を、組み込みシステムとしてRaspberry Piに移植する際に親和性が高い。例えば、AIや機械学習においては、デスクトップやラップトップPCで構築したアルゴリズムをRaspberry Piに移植するということもある。

　特に④について述べると、機械学習用のライブラリとして、大きく3つが存在する。

・Caffe

　代表的な機械学習ライブラリであり、Berkeley Vision and Learning Center（BVLC）を中心とした開発コミュニティがGitHub上で開発/改良を重ねている。動作が高速であり、フィードフォワードネットワークと画像認識処理に適していること、ドキュメントやサンプルコードが充実しており初心者向けであることなどがメリットとして挙げられるが、環境構築が面倒で手間が掛かること、再帰型ニューラルネットワークに適

していないこと、近年は Tensorflow のユーザが増えていることもあり Caffe ユーザが減少しつつあることがデメリットとして挙げられる。

・Tensorflow

　Google がオープンソースとして提供している機械学習ライブラリである。利用者数は非常に大きく、コミュニティが大きいため、情報を入手しやすい。ニューラルネット以外の機械学習や数値計算全てをカバーしており、GPU の利用が簡単、複数デバイスによる並列処理が容易、高レベル API ではかなり直感的にニューラルネットワークを構築できるというメリットがある反面、すべての計算をグラフで表現するために、初心者にとって難易度が高いことや、計算グラフ構築後の変更が不可能であるというデメリットがある。

・Chainer

　Preferred Networks により開発された国産のライブラリである。メリットとしては、記法が直感的かつ単純であるため、シンプルなネットワークからディープラーニングまで幅広くカバーしていること、インストールが比較的簡単であることが挙げられる。デメリットとしては Python をインタプリタとして動かすため、コードによっては計算速度が遅くなりがちである点にある[7]。

　Python のインストールは初心者にはやや敷居が高い所もあるが、Anaconda という、データサイエンスや機械学習関連アプリケーションのための Python および R 言語用のディストリビューションを用いることで、Python を非常に容易にインストールすることができる（図 2-6、図 2-7）。また、統合開発環境も同時にインストールすることが可能であるため、例えば統合開発環境の一つである Jupyter（図 2-8）や Spyder は広く愛用されている。なお、Anaconda は、Windows、macOS、Linux それぞれに対応している。

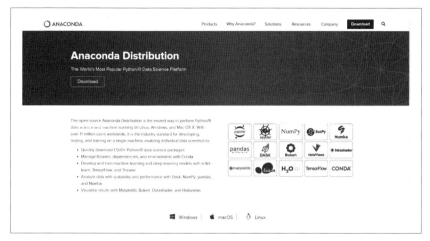

〔図 2-6〕Anaconda

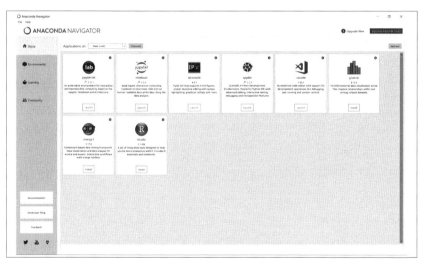

〔図 2-7〕Anaconda 起動画面

〔図 2-8〕jupyter 起動画面

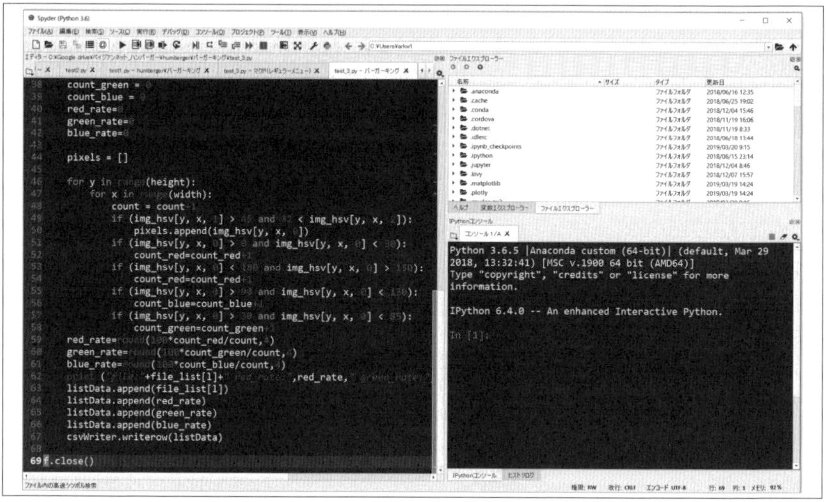

〔図 2-9〕Spyder 起動画面

　ここでは、Python で、先の R と同様に、iris のデータを用いて、Species を推定することを試みる。手法も、先と同様、ニューラルネットワークを用いてみる。ちなみに、本書では、Python の導入方法や基本的なコマンドなどは既知のものとする。もし Python について慣れていない方は書籍を参照して頂きたい。また、本書では、Jupyter notebook を用いてソースコードを実行している。

　まずは iris のデータを読み込む。

```
In [1]: from sklearn.datasets import load_iris
iris=load_iris()
```

```
In [2]: import pandas as pd
        pd.DataFrame(iris.data, columns=iris.feature_names)
Out[2]:
```

	sepal length (cm)	sepal width (cm)	petal length (cm)	petal width (cm)
0	5.1	3.5	1.4	0.2
1	4.9	3.0	1.4	0.2
2	4.7	3.2	1.3	0.2
3	4.6	3.1	1.5	0.2
4	5.0	3.6	1.4	0.2
5	5.4	3.9	1.7	0.4

（以下省略）

Rの場合と同様に、iris のデータについて詳細に見てみる。

先と同様に、アヤメの特徴を表す変数として、Sepal.Length、Sepal. Width、Petal.Length、Petal.Width から構成されていることがわかる。次に、

これが Species を表しているのであるが、この 0、1、2 の数字は何を表しているかを確認する。

```
In [3]: iris.target
Out[3]: array([0, 0, 0, 0, 0, 0, 0, 0, 0, 0, 0, 0, 0, 0, 0, 0, 0,
               0, 0, 0, 0, 0, 0, 0, 0, 0, 0, 0, 0, 0, 0, 0, 0, 0,
               0, 0, 0, 0, 0, 0, 0, 0, 0, 0, 0, 0, 0, 0, 1, 1, 1, 1,
               1, 1, 1, 1, 1, 1, 1, 1, 1, 1, 1, 1, 1, 1, 1, 1, 1,
               1, 1, 1, 1, 1, 1, 1, 1, 1, 1, 1, 1, 1, 1, 1, 1, 1,
               1, 1, 1, 1, 1, 1, 1, 1, 1, 2, 2, 2, 2, 2, 2, 2, 2,
               2, 2, 2, 2, 2, 2, 2, 2, 2, 2, 2, 2, 2, 2, 2, 2, 2,
               2, 2, 2, 2, 2, 2, 2, 2, 2, 2, 2, 2, 2, 2, 2, 2, 2,
               2, 2, 2, 2, 2, 2])
```

0 は setosa、1 は versicolor、2 は virginica を表していることがわかる。

　ここまででデータ構造について理解できたので、ニューラルネットワークを用いて、Species を推定してみることにする。先の例と同様に、隠れ層は2層とする。

```
In [4]: iris.target_names
Out[4]: array(['setosa', 'versicolor', 'virginica'],
              dtype='<U10')


In [5]: from sklearn import datasets
        import numpy as np
        from sklearn.model_selection import train_test_split
        from sklearn.neural_network import MLPClassifier

        iris = datasets.load_iris() X = iris.data
        Y = iris.target


        X_train, X_test, Y_train, Y_test =
         train_test_split(X, Y,
        test_size=0.5,random_state=0)

In [6]: mlp = MLPClassifier(hidden_layer_sizes=(2, ),
         max_iter=1000,random_state=0)
        mlp.fit(X_train, Y_train)
Out [6]: MLPClassifier(activation='relu', alpha=0.0001,
        batch_size='auto', beta_1=0.c, beta_2=0.ccc,
        early_stopping=False, epsilon=1e-08,
        hidden_layer_sizes=(2,), learning_rate='constant',
        learning_rate_init=0.001, max_iter=1000, momentum=0.c,
```

```
          nesterovs_momentum=True, power_t=0.5, random_state=0,
          shuffle=True, solver='adam', tol=0.0001,
          validation_fraction=0.1, verbose=False, warm_start=False)
In [7]: Y_pred = mlp.predict(X_test)
        from sklearn.metrics import accuracy_score
        print('Class labels:',np.unique(Y_pred))
        print('Misclassified samples: %d' % (Y_test != Y_pred).sum())
        print('Accuracy: %.2f' % accuracy_score(Y_test, Y_pred))
```

ここまで実行すると、次のように表示される。

```
Class labels: [0 1 2]
Misclassified samples: 12
Accuracy: 0.84
```

　正しく分類できなかったサンプル数は 52 個体であり、推定精度は
84% であることを意味している。
　なお、どうしても Anaconda のインストールがうまく行かない、とい
う方や、自分の Python 環境を、自分が使用しているコンピュータ以外
の環境でも同じように使いたい、という場合は、Windows 環境であれば、
WinPython を使うという手もある。WinPython はポータブル化された
Windows 環境向けの Python パッケージである。主な特徴は次の通りで
ある[8]。

① Python の実行環境だけでなく、Numpy、Matplotlib、Pandas、Scipy
　などの「主要なライブラリ群」や、Spyder、Jupyter Notebook などの「便
　利な開発環境」も一括で導入してくれる。
②ポータブル化されているため、Python 環境一式を丸ごと USB に入れ
　て持ち運ぶことが可能である。職場やネットカフェ等の共有 PC でも
　WinPython をコピーした USB を差すだけで利用可能である。

　なお、WinPython は https://sourceforge.net/projects/winpython/ からダウンロードすることが可能である。インストールは非常に簡単である。

2.1.4　R言語とPythonの差

　無料で使えるということも相まって、科学計算や機械学習の分野ではPythonとR言語が二大勢力である印象である。これまではPythonの機能が少なかったり細かいところに手が届かないということが見られたため、R言語の方が有利と考えられてきた[(9)]が、近年はPythonの機能やパッケージが充実してきており、R言語とPythonの差は縮まってきている。

　R言語は統計処理に特化していることもあり、また、パッケージが充実していることから、非常に扱いやすい。データを可視化するといった用途でもPythonより使いやすい側面もある。その一方で、R言語はコーディングには向いておらず、システムに組み込んで処理を行うということは不得手であり、どちらかと言うと、データ抽出や分析を繰り返し、最適なモデル構築を行うという「データ分析」に適した言語である[(10)]。一方でPythonは、様々なWebサービスで普通に使用されていることからコーディングに適しており、システムやアプリに適用し、データ処理や複雑な処理の自動化を行うことができることがメリットと言えよう。

　従って、「得られたデータを解析して、何か知見を得たり、アルゴリズムを検討する」という用途であればR言語で十分であり、「得られたデータを解析した上で、組み込みシステムに適用するなど、実際のアプリケーションを見据えた開発を行う」のであればPythonを用いるという使い分けになるであろう。筆者としては、基本的な解析を行い、実際のアプリケーションに向けた味見を行うのであればまずR言語を用い、その結果を踏まえて、アプリケーションを見据えた開発に向けてPythonを使う、というように、併用するやり方も十分に効果的ではないかと考えている。

2.1.5 SONY Neural Network Console

　近年、少しずつであるが、この SONY Neural Network Console を使うユーザも増えている印象である。Neural Network Console は、SONY が開発したツールであり、「ニューラルネットワークを直感的に設計し、学習・評価を快適に実現するディープラーニング・ツール」であることを売りとしている[11]。これまで述べた Matlab、R、Python は全て CUI（Character User Interface）であるが、この SONY の Neural Network Console は GUI（Graphical User Interface）であることが大きな特徴である。特にディープラーニングを使うにあたっては、先述した Caffe や Tensorflow、Chainer を使ってプログラムを作る必要があったが、直感的にブロックを構築するだけでディープラーニングを構築できることがポイントである。

・ドラッグ＆ドロップによる簡単編集

・構造自動探索

・すぐに学習、すぐに結果を確認

・学習の履歴を集中管理

できることもポイントとして挙げられている[11]。Web ブラウザからクラウド上の豊富なリソースを使って実行が可能なクラウド版と、WindowsPC にインストールして、ローカル環境で実行可能な Windows 版の2種類が存在する。クラウド版は有償であるが、Windows 版は無償である。複数 GPU の高速化にも対応しており、CPU での学習と比較して、ほとんどのニューラルネットワークで 10 倍以上、特定のニューラルネットワークでは 100 倍以上の高速での学習が可能になっている[12]。詳しい使い方は SONY のホームページ上にチュートリアルが記載されていたり、実際に Neural Network Console を用いているユーザのコミュニティや Blog などを参照にしながら学び、見様見真似で慣れていくような感じであろう。

　このように、これまではプログラミング言語を学ぶ必要があったり、環境設定の必要があったりと、敷居が高いと思われていた機械学習においても、Web でのチュートリアルや情報を参考にしながら、簡単にモデル構築ができるようになっている状況である。

2.2　ハードウェア

　次に必要な事柄はハードウェアの準備であろう。最近の PC は昔に比べて飛躍的に高性能になっているため、特段なビッグデータを扱い、重い演算を要するのでなければ、それこそ普通のラップトップ PC でも問題ないだろう。

　問題となるのはディープラーニングの場合である。ディープラーニングは CPU（Central Processing Unit）だけでは処理が追いつかず、GPU（Graphics Processing Unit）を搭載していることが前提である。なお、CPU と GPU の違いだが、CPU は汎用的な処理を行うことができるのに対し、GPU は、高速なグラフィック処理のような、比較的単純な処理に特化しているという点にある。グラフィックボードはこの GPU を搭載した PC のパーツである。グラフィックボードが出始めた頃はゲーム用途で用いられていたが、近年は機械学習に用いられるようになってきた。GPU はマルチタスク（並列処理）が得意であり、このことから機械学習に使われるようになったとされている。特にディープラーニングの大部分の処理は行列の積であり、この行列演算はマルチタスクによりかなりの高速化を図ることができる。行列演算は行ベクトルと列ベクトルの内積計算で行っており、「数の掛け算を並行して計算」してから「掛け算の結果を足す」という流れで計算している。ここで、「数の掛け算を並行して計算」するところを GPU で高速化し、さらに各ベクトル毎の掛け算を並列化して高速化することで、CPU より速い演算速度が得られるというわけである。

　それでは、どのような GPU を選べば良いだろうか。基本的には NVIDIA 製から選ぶのが良いであろう。その理由としては簡単であり、Tensorflow や Keras などの機械学習ライブラリの多くが、NVIDIA 製の GPU しかサポートしていないためである。更に GPU のバージョンも重要であり、CUDA GPUs というサイト[13] から CC（Compute Capability）が 3.0 以上である GPU であることを確認する必要がある。これらを満たす GPU を搭載したグラフィックボードを選ぶとすると、一般的には GeForce GTX シリーズを使う場合が多い。あとはどの程度お金を掛ける

ことができるか、という点に依存するが、最低限 GeForce GTX 1060 は必要なようである (図2-10)。

　ディープラーニング環境を自作 PC として構築する場合や、既存のデスクトップ PC をディープラーニング用 PC に転化する場合は、上記のように、グラフィックボードを検討する必要があるが、面倒だ、という方や、ノート PC でディープラーニング環境を構築したいという方は、いわゆるゲーミング PC や、ディープラーニング用 PC を購入するという手がある。最近はゲーミング PC をディープラーニング用 PC として購入する企業も増えているという [15]。初めから環境設定が完了している場合はそれなりに値段が掛かるが、ある程度自分で環境を構築できる場合は、10万円程度の PC を購入して、環境設定さえ完了すれば、GPU を使ったディープラーニングによる最低限の演算ができるようになる。ディープラーニング用 PC と謳っている PC (図2-11) を販売している [16] メーカーも多く存在する。

〔図 2-10〕GeForce GTX1060 [14]

〔図2-11〕ディープラーニング専用PC [15]

2.3　Raspberry Pi との連携

　筆者がしばしば聞かれることとして、機械学習の結果をそのまま組み込みシステムに活かすことができるか、ということがある。近年使われている Raspberry Pi は機械学習との連携という意味では現状最も適している組み込みシステムであろう。Raspberry Pi は Python が標準でインストールされていることもあり、Caffe、Tensorflow、Chainer をインストールすることができる。また、機械学習用ライブラリである scikit-learn を用いることもできる。そのため、Raspberry Pi 単体で機械学習を行うこともできる。例えば深層学習ライブラリを用いて物体認識を行う事例や（図 2-12）[17]、きのこ型のスナックとたけのこ型のスナックを自動判別する事例（図 2-13）[18] が存在する。また、産業用途の事例として、ディープラーニングを Raspberry Pi 上で動作させ、きゅうりの等級を選別する事例（図 2-14）[19] もある。この事例は、きゅうりの等級の判別を自動化することにより、選別の作業量を減らし、畑できゅうりを世話する時間に充てたいというモチベーションがきっかけであると言われている[20]。

〔図 2-12〕深層学習ライブラリを用いて物体認識を行う事例

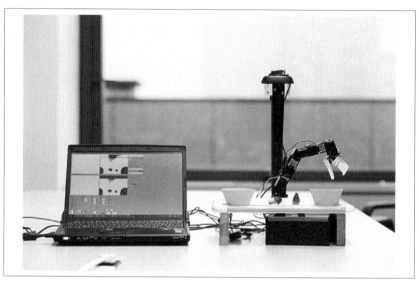

〔図2-13〕きのこ型のスナックとたけのこ型のスナックを自動判別する事例

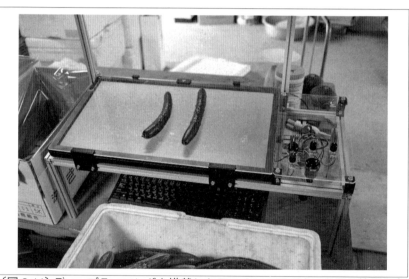

〔図2-14〕ディープラーニングを搭載したRaspberry Piできゅうりの等級を自動判別する事例

Raspberry Pi 単体で、AI のアルゴリズムを回し、モデルを構築し、推定まで行うということは、ハードウェアのスペック上、困難である。そのため、デスクトップ PC やノート PC で AI のアルゴリズムを回し、モデルを構築したあと、そのモデルを Raspberry Pi で適用し、Raspberry Pi で推定を行う、というやり方が一般的である（図 2-15）。

　Raspberry Pi は組み込みシステムとして用いるが、もちろん、外部機器や各種センサとの接続の融通が効くことが大きな特徴と言えよう。そのため、外部からデータを受け取り、そのデータを基にリアルタイムに推定するという用途に適していると言える。

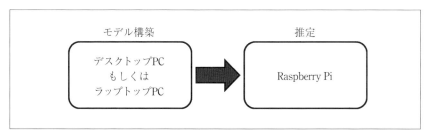

〔図 2-15〕モデル構築と Raspberry Pi での推定の流れ

2.4　本章のまとめ

　ここでは、AI を実践的に扱うためはどのようにすれば良いか、やや詳細に述べた。繰り返しになるが、本書は、この「実践的に扱う」ことは主眼に置いておらず、「実践的に扱う」ためには AI をブラックボックス化するべきではなく、そのために必要な統計学の基礎的な事項を学ぶことが目的である。従って、これ以上は、MATLAB なり、R なり、Python なりで AI のプログラムを書くとか、アルゴリズムを説明するということは行わない。ただ、読者諸兄におかれては、先のソースコードを実際に動かしてみて、まずは「AI はこんな感じなのか」ということを感じてもらい、では実際に AI を理解していくための土台作り（＝統計学の基礎的な事項を学ぶこと）が必要である、ということを理解して頂ければと思う。次章以降は詳細な統計学の基礎的な事項の学習となる。

参考文献

(1) MathWorks: 機械学習入門,

https://jp.mathworks.com/solutions/machine-learning/resources.html

(最終アクセス日:2019 年 7 月 20 日)

(2) MathWorks: Safe and Dynamic Driving towards Vision Zero,

https://jp.mathworks.com/videos/traffic-sign-recognition-for-driver-assistance-systems-108102.html

(最終アクセス日:2019 年 7 月 20 日)

(3) Seth DeLand: Analyzing Fleet Test Data using MATLAB,

https://jp.mathworks.com/videos/analyzing-fleet-test-data-using-matlab-99496.html

(最終アクセス日:2019 年 7 月 22 日)

(4) 統計科学研究所:R 言語とは,

https://statistics.co.jp/reference/software_R/software_R.html

(最終アクセス日:2019 年 7 月 22 日)

(5) 森重ゆう:「R」で GPU を使ってみた,

https://www.nttpc.co.jp/gpu/article/benchmark05.html

(最終アクセス日:2019 年 7 月 22 日)

(6) codExa: なぜ機械学習に Python が使われるのか？機械学習で Python が使われる 4 つの理由,

https://www.codexa.net/why-use-python-for-machine-learning/

(最終アクセス日:2019 年 7 月 22 日)

(7) HELLO CYBERNETICS,【PyTorch、Chainer、Keras、TensorFlow】ディープラーニングのフレームワークの利点・欠点【2017 年 10 月更新】,

https://www.hellocybernetics.tech/entry/2017/05/15/063753#Chainer

(最終アクセス日:2019 年 7 月 29 日)

(8) 技術雑記,【WinPython】使い方・設定まとめ,

https://algorithm.joho.info/programming/python/winpython/

(最終アクセス日:2019 年 10 月 19 日)

(9) Qiita, なぜ機械学習に Python が選ばれるのか,

https://qiita.com/yaju/items/5502115d7e3d06e6bbdd

（最終アクセス日 : 2019 年 7 月 29 日）

(10) TECH PLAY, R と Python は使いよう ,

https://techplay.jp/column/307

（最終アクセス日 : 2019 年 7 月 29 日）

(11) SONY, Neural Network Console,

https://dl.sony.com/ja/

（最終アクセス日 : 2019 年 7 月 29 日）

(12) TechFactory, ソニー「Neural Network Console」が複数 GPU での高速化に対応 ,

https://techfactory.itmedia.co.jp/tf/articles/1806/04/news009.html

（最終アクセス日 : 2019 年 7 月 29 日）

(13) nVIDIA® DEVELOPER, CUDA GPUs,

https://developer.nvidia.com/cuda-gpus

（最終アクセス日 : 2019 年 7 月 29 日）

(14) nVIDIA®, GEFORCE GTX 1060,

https://www.nvidia.com/ja-jp/geforce/products/10series/geforce-gtx-1060/

（最終アクセス日 : 2019 年 7 月 29 日）

(15) 谷川耕一 , 企業がゲーミング PC をたくさん買う不思議—ディープラーニング活用の鍵は GPU にあり , EnterpriseZine,

https://enterprisezine.jp/dbonline/detail/7944

（最終アクセス日 : 2019 年 7 月 29 日）

(16) パソコン工房 , 第 8 世代インテル Core i7 と GeForce GTX 1080 搭載 17 型ディープラーニング専用パソコン ,

https://www.pc-koubou.jp/products/detail.php?product_id=626603&pre=bct4129_bnr

（最終アクセス日 : 2019 年 7 月 29 日）

(17) Qiita, Raspberry Pi 深層学習ライブラリで物体認識（Keras with TensorFlow・Open CV）,

https://qiita.com/PonDad/items/c5419c164b4f2efee368

（最終アクセス日 : 2019 年 7 月 29 日）

(18) 越智岳人 , ネット論争に終止符!?「きのこたけのこ判別機」がかわいい , fabCross

https://fabcross.jp/topics/mft2014_future/20141119_kinoko_takenoko_01.html

（最終アクセス日 : 2019 年 7 月 29 日）

(19) GeekOut,「ディープラーニング×きゅうり」の可能性に、たったひとりで取り組むエンジニア ,

https://geek-out.jp/column/entry/2017/11/23/110000/

（最終アクセス日 : 2019 年 10 月 19 日）

(20) Digital Innovation Lab, キュウリを AI で判定するシステムを農家が自ら開発、足りない部品は 3D プリンターで作成も ,

http://digital-innovation-lab.jp/kyuri-ai/

（最終アクセス日 : 2019 年 10 月 19 日）

第**3**章

確率の基本

AIを学ぶ上でいくつか必要となる最低限の知識がある。その一つが確率の知識である。確率の知識は、次章で学ぶベイズ推定に繋がる内容であるため、学んでおく必要がある。ここでは、確率の基本的な考え方から、代表的な確率分布である、正規分布、二項分布、ポアソン分布について学ぶ。

3.1　確率とは

　例えば、1個のサイコロを投げることを考える。このとき、それぞれ
の目が出る確率はすべて「同じ」と考えられる。それは、どの目が出やす
いと考えられず、どの目が出ることも同じ程度に起こると期待して良
いことを表している[1]。このように、どの目が出ることも起こりやすさ
はすべて同じであることを**同様に確からしい**という。一般に、このよう
な試行において、**確率**とは

$$\frac{対象となる場合の数}{すべての場合の数}$$

で定義される。

　例えば、

・サイコロを1つ投げて、1の目が出る確率は 1/6 である。

　何故なら、サイコロの出目は6通りであり、その中で、1の目の出方
　は1通りだからである。

・サイコロを1つ投げて、偶数の目が出る確率は 1/2 である。

　何故なら、サイコロの出目は6通りであり、その中で、偶数の目の出
　方は、2、4、6の場合の3通りだからである。

・サイコロを1つ投げて、6以下の目が出る確率は1である。

　何故なら、サイコロの出目は6通りであり、その中で、6以下の目の
　出方は、1、2、3、4、5、6の場合の6通りだからである。

なお、サイコロの出目のように、取る値の範囲（ここでは1から6）と
取る確率（ここでは 1/6）だけがわかっている変数のことを**確率変数**とい
う。

3.2 試行と事象 [(2)]

　試しに何か行うことを**試行**といい、試行の後に起こった「ことがら」のことを**事象**という。試行の結果起こり得るすべての事象を全事象という。

・事象 A が起こる確率：P(A)　（A の生起確率という）

　0≤P(A)≤1 であり、P(A)=0 のとき、「A は絶対起こらない」ことを意味しており、P(A)=1 のとき、「A は必ず起こる」ことを意味している。

・余事象：P(A^c)=1−P(A) としたとき、P(A^c) は「A が起こらない確率」を表す。

・積事象：「A と B が同時に起こる確率」を P(A, B) と表す。P(A∩B) とも書く。本書では P(A,B) と書くことにする。

・和事象：「A または B が起こる確率」を P(A∪B) と表す。

　和事象の確率は P(A∪B)=P(A)+P(B)−P(A, B) と表すことができる。

・排反事象：「A と B が同時に起こらないこと」は P(A∩B)=0 で表すことができる。

　このとき、P(A∪B)=P(A)+P(B) となる。

・条件付き確率：P(A|B)

　事象 B が起こったという条件の下で事象 A が起こる確率（＝事象 B が起きた時に同時に事象 A が起きている確率）を表す。

　この条件付き確率 P(A|B) と B が起こる確率 P(B) を掛けると、A と B の同時確率 P(A, B) が得られる。つまり、

$$P(A, B) = P(A|B)P(B)$$

・独立事象：B が起ころうと起こるまいと A の生起に無関係であるとき、

$$P(A) = P(A|B) = P(A|B^c)$$

　一方で、

$$P(A, B) = P(A|B)P(B)$$

であるから、A と B が独立事象であるとき、P(A, B)=P(A)P(B) も成立する。

独立事象の同時確率は個々の事象の生起確率の積として表されることを
意味している。

3.3　順列組み合わせ[3]

　ある事柄が何通りの起こり方があるかを考えるとき、その起こり方の個数を**場合の数**という。

　番号のついた n 個の異なったものをある規則のもとに順に並べたものを**順列**といい、順列の総数を**順列の数**という。

・順列　異なる n 個のものから r 個とって 1 列に並べる順列の数は

$$_nP_r = n(n-1)(n-2)\cdots(n-r+1) = \frac{n!}{(n-r)!}$$

である。特に、$_nP_0 = 1$, $_nP_n = 1$ である。0 個取るということは「何もしない」のであるから、それは 1 通りであると解釈できる。

・重複順列　異なる n 個のものから重複を許して r 個とる順列の数は

$$_n\Pi_r = n^r$$

・円順列　異なる n 個のものを円形に順に並べる順列の数は

$$(n-1)!$$

・組み合わせ　異なる n 個のものから r 個とる組み合わせの数は

$$_nC_r = \frac{n!}{r!(n-r)!}$$

である。特に、$_nC_0 = 1$, $_nC_n = 1$ である。0 個取るということは「何もしない」のであるから、それは 1 通りであると解釈できる。また、n 個あるものの中から n 個取る場合は 1 通りしかないと解釈できる。なお、順列とは異なり、「異なる n 個のものから r 個とる」だけであり、並べることまではしないことに留意されたい。

　例えば 1 から 5 の数字が書かれた 5 枚のカードがあるとき、カードを 1 枚ずつ引いて、1 枚目が 1、2 枚目が 2 である確率を求める問題を考える[4]。このときは、「1 枚ずつ引く」ので、順番を気にすることになる。この問題のように、順番を気にするときは、順列 P を使って考える。

まず、カードの引き方を考える必要があるが、この問題の場合は、異な
る5枚のカードから2枚を選んで、並べ替えることを考える。これはす
なわち $_5P_2 = 5 \cdot 4 = 20$ 通りとなる。そのうち、1枚目が1、2枚目が2で
あるのは1通りであるので、求める確率は $\dfrac{1}{20}$ となる。

　次に、同じ5枚のカードがあるとき、カードを同時に2枚引いて、引
いたカードが1と2になる確率を求める問題を考える[4]。このときは先
の問題と異なり、カードを引く順番を気にしないので、組み合わせ C
を使って考える。まず、カードの引き方を考える必要があるが、この問
題の場合は、異なる5枚のカードから2枚を選ぶことを考える。これは
すなわち

$$_5C_2 = \frac{5 \cdot 4}{2 \cdot 1} = 10$$

通りとなる。そのうち、1枚目が1、2枚目が2であるのは1通りであ
るので、求める確率は $\dfrac{1}{10}$ となる。

　このように、$_nP_r$ と $_nC_r$ は異なるので、違いを十分に理解して欲しい。

３．４　期待値

　次に確率で重要な考えとして**期待値**という考えがある。期待値は、「確率変数がとる値とその値をとる確率の積を足し合わせたもの」である。つまり、**確率変数**の平均値を示すものである。ここで、確率変数とは、「確率に従って色々な値を取る変数」のことをいう。確率変数 X の期待値は $\mathrm{E}(X)$ と表す。

　例えば、次のように、$X = x_1, x_2, \cdots, x_N,\ ,\ \ p(x_1) = p_1, p(x_2) = p_2, \cdots, p(x_N) = p_N$ という確率変数を取ると考える。

X	x_1	x_2	...	x_{N-1}	x_N
$p(X)$	p_1	p_2	...	p_{N-1}	p_N

このときの期待値 $\mathrm{E}(X)$ は、

$$\mathrm{E}(X) = \sum_{i=1}^{n} x_i \cdot p_i$$

として表すことができる。

　具体例で考えよう。例えば、先と同様に、さいころの出目の期待値を求める。確率変数を示した表は次のようになる。この表のように、確率変数がとる値と、その値を取る確率の対応の様子を**確率分布**という。

X	1	2	3	4	5	6
$p(X)$	$\frac{1}{6}$	$\frac{1}{6}$	$\frac{1}{6}$	$\frac{1}{6}$	$\frac{1}{6}$	$\frac{1}{6}$

このとき、期待値 $\mathrm{E}(X)$ は次のように表される。

$$\mathrm{E}(X) = \sum_{i=1}^{6} x_i \cdot p_i = 1 \cdot \frac{1}{6} + 2 \cdot \frac{1}{6} + 3 \cdot \frac{1}{6} + 4 \cdot \frac{1}{6} + 5 \cdot \frac{1}{6} + 6 \cdot \frac{1}{6} = \frac{21}{6} = 3.5$$

　期待値には次のような性質がある。ここで、X と Y は確率変数とする。

(1) $\mathrm{E}(C) = C$　　ただし、C は定数

(2) $\mathrm{E}(X + C) = \mathrm{E}(X) + C$　　ただし、C は定数

(3) $\mathrm{E}(kX) = k\mathrm{E}(X)$　　ただし、k は定数

(4) $\mathrm{E}(X + Y) = \mathrm{E}(X) + \mathrm{E}(Y)$

3.5　離散確率分布と連続確率分布

　ここで、先の例ではサイコロの目のように、1や2などの整数を考えているが、整数以外の例はないのだろうか？という疑問が生じた人もいるかも知れない。例えば、荷物の重さのように、1.012kg や、0.9874kg のような、整数値でないものも考えられないのだろうか。サイコロの目のような整数値しか取らず、その間の値を取れない確率変数を**離散型確率変数**といい、整数値以外も取る確率変数を**連続型確率変数**という。後者は、お菓子の量り売りのような感覚と捉えても差し支えないだろう。もう少し言い換えれば、取り得る値が有限個の確率変数が離散型確率変数であり、取り得る値が無限個の確率変数が連続型確率変数である。

　そして、離散型確率変数の確率分布を、**離散確率分布**という。離散確率分布は、確率変数 X の取りうる値 $x_1, x_2, \cdots, x_n$ の1つ1つに対応する確率 $P(X=x_i)$ $(i=1, 2, \cdots, n)$ が存在し、以下の条件を満たす[5]。なお、$p(X=x_i)$ は確率変数 X が x_i という値を取る確率を意味する。

(1) $0 \leq p(X=x_i) \leq 1 (i=1, 2, |, n)$

(2) $\displaystyle\sum_{i=1}^{n} p(X=x_i) = 1$

　(1) は、それぞれの値をとる確率は0以上1以下であることを表し、(2) は、すべての事象の確率の和は100% となる、ということを表している。もちろん、先のサイコロの例でも成立している（確かめてみよ）。

　さて、これまでは、離散型確率変数を取り扱っている場合のみを考えた。しかし、確率変数は、必ずしも離散型であるとは限らず、連続型であることも考えられる、このとき、例えば、$P(X=0.121)=\cdots, P(X=0.122)=\cdots$ というように書くのも面倒である。そこで、連続型確率変数にも対応できるように、確率変数 X が x_i という値を取る確率 $p(X=x_i)$ を $f(x_i)$ と、関数の形で書き直すことにする。この $f(x_i)$ は**確率関数**もしくは**確率質量関数**という。$f(x_i)$ を使うと (1) と (2) は次のように書き直せる。

(1) $0 \leq f(x_i) \leq 1$

(2) $\displaystyle\sum_{i=1}^{n} f(x_i) = 1$

連続型確率変数の確率分布を考える。連続型確率変数の確率分布を**連続確率分布**という。離散確率分布では、確率変数 X の任意の値 x に対応する確率 $f(x)$ が存在し、以下の条件を満たす。

(1) $0 \leq f(x) \leq 1$

(2) $\displaystyle \int_{-\infty}^{\infty} f(x)\,dx = 1$

ちなみに、連続型確率変数の期待値は次のように書ける。これは、離散型確率変数の期待値の式からの類推と、連続型確率変数の性質から、直感的に理解できるであろう。

$$E(X) = \int_{-\infty}^{\infty} xf(x)\,dx$$

3.6　分散と標準偏差

　分散とは、「確率変数のとり得る値と期待値（平均値）の差の二乗」と「確率」の積を全て足し合わせたものとして定義される。いわば「データのばらつき」を表す指標であると考えられる。確率変数 X の分散は $V(X)$ と表す。

　先と同様に、次のように、$X = x_1, x_2, \cdots, x_N,\ p(x_1) = p_1, p(x_2) = p_2, \cdots, p(x_N) = p_N$ という確率変数を取ると考える。

X	x_1	x_2	...	x_{N-1}	x_N
$p(X)$	p_1	p_2	...	p_{N-1}	p_N

このときの分散 $V(X)$ は、$E(X) = \mu$ とすると、

$$V(X) = \sum_{i=1}^{n} (x_i - \mu)^2 \cdot p_i$$

として表すことができる。

　なお、連続型確率分布の分散は次のように書ける。

$$V(X) = \int_{-\infty}^{\infty} (x - E(x))^2 f(x) dx$$

　先と同様に、さいころの出目の分散を考える。確率変数を示した表は次のようになる。

X	1	2	3	4	5	6
$p(X)$	$\frac{1}{6}$	$\frac{1}{6}$	$\frac{1}{6}$	$\frac{1}{6}$	$\frac{1}{6}$	$\frac{1}{6}$

このとき、分散 $V(X)$ は、$E(X) = 3.5$ であることから、次のように表される。

$$V(X) = \sum_{i=1}^{n} (x_i - \mu)^2 \cdot p_i = \sum_{i=1}^{6} (x_i - 3.5)^2 \cdot p_i$$

$$= \frac{(1-3.5)^2}{6} + \frac{(2-3.5)^2}{6} + \frac{(3-3.5)^2}{6} + \frac{(4-3.5)^2}{6} + \frac{(5-3.5)^2}{6} + \frac{(6-3.5)^2}{6}$$

$$= \frac{1}{6}\{6.25 + 2.25 + 0.25 + 0.25 + 2.25 + 6.25\} = \frac{17.5}{6} = \frac{35}{12}$$

なお、分散の性質として、一番重要なものは、次の式である。

$$V(X) = \mathrm{E}(X^2) - \{\mathrm{E}(X)\}^2$$

$$\because \quad V(X) = \sum_{i=1}^{n} (x_i - \mu)^2 \cdot p_i = \sum_{i=1}^{n} (x_i^2 - 2\mu x_i + \mu^2) \cdot p_i$$

$$= \sum_{i=1}^{n} x_i^2 p_i - 2\mu \sum_{i=1}^{n} x_i p_i + \mu^2 \sum_{i=1}^{n} p_i$$

ここで、期待値の定義より、

$$\sum_{i=1}^{n} x_i p_i = \mathrm{E}(X) = \mu$$

また、確率の定義（確率の和 =1）より、

$$\sum_{i=1}^{n} p_i = 1$$

従って、

$$\sum_{i=1}^{n} x_i^2 p_i - 2\mu \sum_{i=1}^{n} x_i p_i + \mu^2 \sum_{i=1}^{n} p_i$$

$$= E(X^2) - 2\mu^2 + \mu^2 = E(X^2) - \mu^2 = E(X^2) - \{E(X)\}^2$$

となる。

　期待値の性質と同様に、分散の性質も理解しておく必要がある。分散の重要な性質は次の通りである。ここで、X と Y は確率変数とする。

(1) $V(C) = C$　ただし、C は定数

(2) $V(X + C) = V(X) + C$　ただし、C は定数

(3) $V(kX) = k^2 V(X)$　ただし、k は定数

(4) X と Y が独立な確率変数の場合、$V(X + Y) = V(X) + V(Y)$

　(4) について補足する。一般的には $V(X+Y) = V(X)+V(Y)+2\mathrm{cov}(X, Y)$ となる。ここで、cov は共分散といい、$\mathrm{cov}(X, Y)$ で X と Y の共分散を表す。共分散とは、X の偏差と Y の偏差の積で表すことができ、例えば、X を国語の点数、Y を数学の点数とすると、共分散を計算することで、「国語の点数が高ければ数学の点数も高いのか」ということや「国語の点数と数学の点数は関係がない」といったことがわかる。X と Y が独立な確率変数の場合は、

cov(X, Y)=0 であるので、$V(X+Y) = V(X) + V(Y) + 2\text{cov}(X, Y) = V(X) + V(Y)$ となる。

　なお、分散の平方根のことを**標準偏差**という。つまり、

$$\sigma(X) = \sqrt{V(X)}$$

で定義される。標準偏差もデータのばらつきを表す指標であり、その意味では分散と変わらない。しかし、分散は、計算の過程において 2 乗することになるので、元のデータの単位も 2 乗されることになる。そこで、分散の平方根である標準偏差を求めることで、ばらつきという概念は保ったまま、元のデータとの単位を揃えることができる。このようにすると、分散より扱いやすい値になるのである。

３.７ 確率密度関数

さて、先のサイコロの例では、サイコロの１の目が出る確率は

$$p(X=1)=\frac{1}{6}$$

と表される。しかし、連続型確率変数では、特定の値にピッタリ一致することはまずあり得ない。何故ならば、特定の値からいくらかズレるからである。例えば、500mlと書かれたペットボトルの内容量が500.0000mlとなる確率は０となるだろう。何故ならば、厳密に500.0000mlとなることはまずあり得ず、例えば、測り方だとかロットによっては、500.0001mlであるとか、499.9999mlであるとか、498.9980mlであるように、ある程度の幅のズレを生じているからである。

従って、連続型確率変数の場合、幅をもたせて、$a \leq X \leq b$ となる確率を考えると良い[6]。そこで、連続型確率変数の分布を表すために**確率密度関数**というものが用いられる。$a \leq X \leq b$ である確率が

$$p(a \leq X \leq b)=\int_{a}^{b}f(x)\,dx$$

で与えられるとき、$f(X)$ を確率密度関数という。言い換えれば、確率密度関数を用いる理由は、それ単体で確率が０となる状況を扱うためである。確率密度関数を用いることで、連続型確率変数の様子を簡潔に表すことができる。この様子を図3-1に表す。

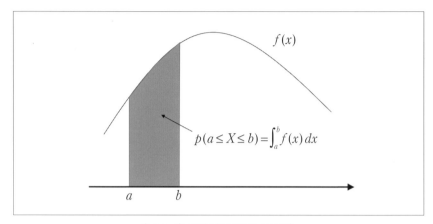

〔図3-1〕確率密度関数の面積

３.８　正規分布について

　正規分布とは統計モデリングでは一番基本となる分布であり、また、確率論で最も重要になるものである。もっとも有名な連続型確率密度関数であり、自然科学のあらゆる分野で見られる分布で、例えばクラスの学生の身長の分布、工場で生産される物品のばらつきの分布などを表すのに非常によく用いられるものである。別名ガウス分布（Gaussian Distribution）ともいう。

　平均値 μ、分散 σ^2 である正規分布の確率密度関数は、

$$N(y;\mu,\sigma^2) = \frac{1}{\sqrt{2\pi\sigma^2}} \exp\left\{ -\frac{(y-\mu)^2}{2\sigma^2} \right\}$$

で表される。特に $\mu = 0, \sigma^2 = 1$ である正規分布、

$$N(y;0,1^2) = \frac{1}{\sqrt{2\pi}} \exp\left(-\frac{y^2}{2} \right)$$

で表される正規分布を**標準正規分布**という。標準正規分布は図 3-2 のようなグラフで表すことができる。

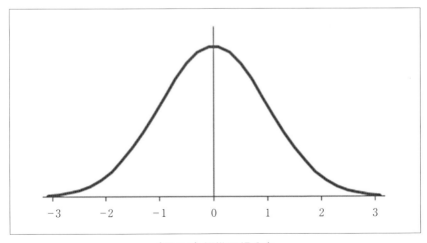

〔図 3-2〕標準正規分布

なお、正規分布は多次元に拡張することができる。p 個の確率変数のベクトル $\boldsymbol{y}=(y_1, y_2, \cdots, y_p)^{\mathrm{T}}$ に対して定義される多次元正規分布は次の式で表される。

$$N(\boldsymbol{y};\mu,\Sigma)=\frac{1}{\sqrt{(2\pi)^p \det(\Sigma)}}\exp\left\{-\frac{1}{2}(\boldsymbol{y}-\mu)^{\mathrm{T}}\Sigma^{-1}(\boldsymbol{y}-\mu)\right\}$$

ここで、μ は p 次元の列ベクトルであり、Σ は $p\times p$ の分散共分散行列である。2個の確率変数に対して定義される2次元正規分布は図3-3のように表される。

　なお、2変量 x, y の同時確率分布 $p(x, y)$ が正規分布に従うとき、$p(x)$, $p(y)$, $p(y|x)$, $p(x+y)$ も正規分布に従うという性質は、機械学習を学ぶ上で重要である。

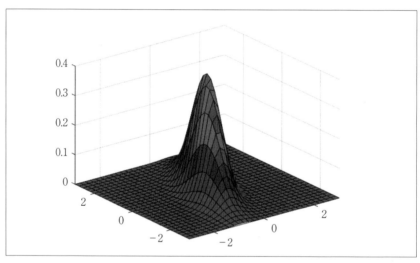

〔図3-3〕2次元正規分布

3.9 二項分布 [2]

次の (1) ～ (3) を満たす試行をベルヌイ試行という。

(1) 各試行において、その事象が発生するか否かのみを問題にする。

(2) 各試行は統計的に独立。

(3) 対象とする事象が発生する確率は、各試行を通じて一定。

1回の試行において、ある事象 X が発生する確率を p とする。n 回の
ベルヌイ試行列において、ちょうど i 回、事象 X が発生する確率は、

$$P(n=i) = {}_nC_i \, p^n(1-p)^{n-i}$$

で表される。このときの分布を二項分布という。$B(n,p)$ とも書く。

例えば、形がいびつなコインがあり、表が出る確率が 0.6、裏が出る
確率が 0.4 であるとする。このコインを 10 回投げたとき、7 回表が出る
確率は、

$$P(n=7) = {}_{10}C_7 \cdot 0.6^7(1-0.6)^{10-7} = {}_{10}C_7 \, 0.6^7 \cdot 0.4^{10-7} = \frac{10!}{7!3!} 0.6^7 \times 0.4^3 \cong 0.43$$

と得られる。

なお、二項分布の期待値 μ および分散 σ^2 は次式で与えられる。

$$\mu = np$$
$$\sigma^2 = np(1-p)$$

3.10　ポアソン分布 [3]

　次の (1)～(4) の条件を満たすものを**ポアソン過程**という。

(1) 事象はいかなる時点でもランダムに発生しうる。

(2) 与えられた時間区間での事象の発生は、それと重複しない他の区間に対して独立である。

(3) 微小時間 Δt における事象の発生確率は Δt に比例して小さくなっている。

(4) 微小時間 Δt の間に事象が 2 回以上発生する確率は無視できる。

X をポアソン過程における事象の発生回数とすると、

$$\Pr(X = r) = \frac{\lambda^r}{r!}\,e^{-\lambda}$$

となる。ただし、λ はポアソン過程における事象の平均発生回数である。上式で表される確率分布をポアソン分布という。

　ポアソン分布は二項定理に並び、確率分布の中で非常に重要な確率分布である。例えばポアソン分布に従う例として、

・ある人物が書いた文章 100 文字中に存在するタイプミスの回数

・1km 歩いたときの交通事故の発生回数

・1 時間の間に役所にかかってくる電話の数

・単位時間あたりに自然崩壊する放射性元素の数

などは、一定時間または空間の間に偶発的に生じるような事象の数を確率変数としている [7]。

　ポアソン分布の大きな特徴としては、ポアソン過程における事象の平均発生回数 λ（つまり期待値）だけで、期待値、分散、標準偏差といった統計学的性質が決定されるということに尽きる。

　なお、図 3-4 に、ポアソン分布のグラフを示す。λ が小さいうちはグラフが左右非対称であるが、λ が大きくなるとグラフが対称的になってくることがわかるだろう。

　さて、ポアソン分布の式は二項分布 $B(n, p)$ において確率変数の値が k となる確率

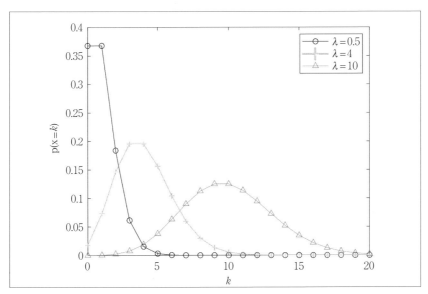

〔図3-4〕ポアソン分布

$$P'(X=k) = \frac{n!}{k!(n-k)!}\,p^{n}q^{n-k}$$

において、期待値 $\mu=np$ を一定に保ちつつ、n を非常に大きく、p を非常に小さな値と近似することでできる分布である。

二項分布の式より、

$$P'(X=k) = \frac{n!}{k!(n-k)!}\,p^{n}q^{n-k} = \frac{n(n-1)\cdots(n-(k-1))}{k!}\,p^{n}\left(1-\frac{\lambda}{n}\right)^{n-k}$$

$$= \frac{1}{k!}\,1\cdot\left(1-\frac{1}{n}\right)\cdots\left(1-\frac{(k-1)}{n}\right)n^{k}\,p^{k}\left(1-\frac{\lambda}{n}\right)^{n-k}$$

$$= \frac{\lambda^{k}}{k!}\cdot 1\cdot\left(1-\frac{1}{n}\right)\cdots\left(1-\frac{(k-1)}{n}\right)\frac{\left(1-\dfrac{\lambda}{n}\right)^{n}}{\left(1-\dfrac{\lambda}{n}\right)^{k}}$$

この $P'(X=k)$ に対して $\lambda=np$ を固定しつつ $n\to\infty$ を適用する。ただし、

$$\lim_{n \to \infty} 1 \cdot \left(1 - \frac{1}{n}\right) \cdots \left(1 - \frac{(k-1)}{n}\right) = 1$$

$$\lim_{n \to \infty} \left(1 - \frac{\lambda}{n}\right)^k = 1$$

であり、さらにネイピア数 e の定義より、

$$e = \lim_{x \to \pm\infty} \left(1 + \frac{1}{x}\right)^k$$

であるので、

$$\lim_{n \to \infty} \left(1 - \frac{\lambda}{n}\right)^n = \lim_{n \to \infty} \left\{\left(1 - \frac{\lambda}{n}\right)^{-\frac{n}{\lambda}}\right\}^{-\lambda}$$

ここで、

$$x = -\frac{n}{\lambda}$$

とすると、

$$\lim_{n \to \infty} \left\{\left(1 - \frac{\lambda}{n}\right)^{-\frac{n}{\lambda}}\right\}^{-\lambda} = \lim_{x \to -\infty} \left\{\left(1 + \frac{1}{x}\right)^x\right\}^{-\lambda} = e^{-\lambda}$$

となるので、

$$\lim_{x \to \infty} P'(X = k) = \frac{\lambda^k}{k!} e^{-\lambda}$$

が得られる。

　つまり、極限を考えたとき、二項分布がポアソン分布と一致する。

3.11 本章のまとめ

ここでは確率の基本について述べた。確率の話は AI を学ぶにあたって直接使うものではなく、次章で述べるベイズ推定や最尤推定を学ぶための基本となる知識となる。非常に基本的な知識であるが、ここで述べた内容を踏まえて、次章を読み進めて頂きたい。

参考文献

(1) 高校生の苦手解決 Q&A,

　　https://kou.benesse.co.jp/nigate/math/a14m0518.html

　　（最終アクセス日 :2019 年 11 月 30 日）

(2) 確率入門 ,

　　https://wwws.kobe-c.ac.jp/deguchi/sc180/info/prob.html

　　（最終アクセス日 :2019 年 7 月 29 日）

(3) 横田壽 , 確率論入門 ,

　　http://www.geil.co.jp/MULTIMEDIA/probpub.pdf

　　（最終アクセス日 :2019 年 7 月 29 日）

(4) ともよし塾＋ ,

　　http://tomoyoshi-juku.com/jun-retsu-kumi-awase/

　　（最終アクセス日 :2019 年 11 月 30 日）

(5) アタリマエ！ ,

　　https://atarimae.biz/archives/11665

　　（最終アクセス日 :2019 年 11 月 30 日）

(6) 高校数学の美しい物語 ,

　　https://mathtrain.jp/pmitsudo

　　（最終アクセス日 :2019 年 11 月 30 日）

(7) 高校物理の備忘録 ,

　　https://physnotes.jp/

　　（最終アクセス日 :2019 年 7 月 29 日）

第4章

ベイズ推定と
最尤推定

ベイズ推定とは、「過去の経験」と「新たに得たデータ」をもとに不確実な事象を予測する手法である[1]。ベイズ推定は、例えば、迷惑メールのフィルタとして用いられている。受け取ったメールが迷惑メールであるか否かを自動判定するのだが、これは、メールに含まれている特定の言葉によって判定する。この言葉が一定割合以上含まれている場合、迷惑メールと判定する[2]。

　例えば、「キャンペーン」という言葉がメールに入っているかどうかで判定すること、参考文献[2]の例を挙げて考える。我々の直感だと、「キャンペーン」という言葉がやたらに多く書かれているメールは、いかにも怪しいメール（迷惑メール）であるという印象を受ける。しかし、1回や2回しか、「キャンペーン」という言葉が書かれていなければ、例えばこれまでに買った通販サイトのお買い得品のメールである、といったように、あまり怪しさは感じないかも知れない。このように、「キャンペーン」という言葉があったときに迷惑メールであるという印象を受けるか受けないか、ということが重要である。このとき問題となるのは、「キャンペーン」という言葉が書かれているメールが、迷惑メールである確率はどの程度であるか、ということであろう。

　このときに分かっているのは、迷惑メールにキャンペーンという言葉が入っている確率、つまり、原因→結果の因果である。しかし、我々が知りたいのは、キャンペーンという言葉が入っているときに、そのメールが迷惑メールである、という確率、つまり、結果→原因である。あるいは、迷惑メールの事前確率がわかっているときに、「キャンペーン」という情報で、その判断がどのように変わるか、ということである。

　ここでは、以上のような極めて単純化された環境を踏まえて、ベイズ推定とは何か、ということについて説明する。

　また、ベイズ推定とよく比較されるものとして、最尤推定（さいゆうすいてい）がある。（MAP（maximum a posteriori）推定（最大事後確率推定とも言う）も存在するが、やや難しいので、本書では省略する。）ベイズ推定はベイズ論に基づいているのに対し、最尤推定は頻度論に基づいているという違いにあるが、最尤推定の考え方も、AI・機械学習を学ぶために必要な知識である。そのため最尤推定にも触れる。

4.1　条件付き確率

　いま、Aという事象が起こる確率を、$p(A)$, Bという事象が起こる確率を $p(B)$ とする。また、Aという事象とBという事象が同時に起こる確率（同時確率）を $p(A, B)$ と書く。このとき、Aが起こった（Aが所与の）もとでBが起こる確率を $p(B|A)$ と表すこととする。条件付き確率は、

$$p(B|A) = \frac{p(A, B)}{p(A)}$$ ………………………………………… (4.1)

で定義される。

　具体的な例で考えよう。例えば、灰色と白色の壺があり、その中から、1から6の数字が書かれたボールを取り出すとする（図4-1）。
このとき、$p(A = gray)$ を灰色の壺を選ぶ確率、$p(A = white)$ を白色の壺を選ぶ確率とする。また、$p(B = n)(n = 1, 2, ..., 6)$ を、壺の中から数字 n が書かれたボールを選ぶ確率とする。

　問題設定から、

$$p(A = gray) = p(A = white) = \frac{1}{2}, \quad p(B = n) = \frac{1}{6}$$

となる。いま、「灰色の壺を選んだもとで、1の数字が書かれたボールが選ばれる」条件付き確率を求めるとする。つまり、$p(B = 1|A = gray)$ を

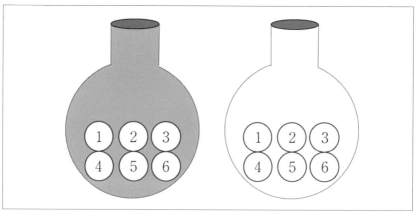

〔図4-1〕灰色の壺と白色の壺からボールを取り出す状況

求めたいとする。

式 (4.1) で考えると、

$$p(B=1 \mid A=gray) = \frac{p(A=gray, B=1)}{p(A=gray)} \quad \cdots\cdots\cdots\cdots\cdots\cdots \quad (4.2)$$

いま、$p(A=gray)$ はわかっており、

$$p(A=gray) = \frac{1}{2}$$

である。$p(A=gray, B=1)$ は、「赤い壺を選び、かつ、1 の数字が書かれたボールが選ばれる」確率である。壺の選び方はボールの選び方に影響を及ぼさない（独立事象）であることから、$p(A=gray, B=1)$ は、$p(A=gray)$ と $p(B=1)$ の掛け算で表すことができ、

$$p(A=gray, B=1) = \frac{1}{2}\times\frac{1}{6}\times\frac{1}{12}$$

と求められる。従って、これらの値を式 (4.2) に代入すると、

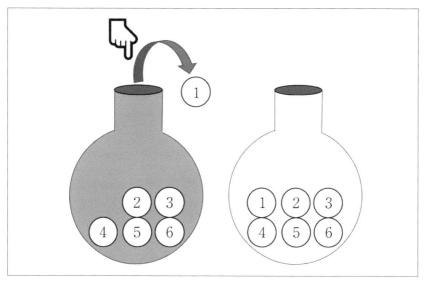

〔図4-2〕灰色の壺を選んだもとで、1 の数字が書かれたボールが選ばれる

$$p(B=1\,|\,A=gray)=\frac{\dfrac{1}{12}}{\dfrac{1}{2}}=\frac{2}{12}=\frac{1}{6}$$

と求められる。

　いま、「Aが起こったもとで（Aが所与のもとで）Bが起こる確率」を

$$p(B\,|\,A)=\frac{p(A,B)}{p(A)}$$

として表したが、逆も求められる。すなわち、「Bが起こったもとで（Bが所与のもとで）Aが起こる確率」は、AとBを入れ替えるだけでよく、

$$p(A\,|\,B)=\frac{p(A,B)}{p(B)}\quad\cdots\cdots\cdots\cdots\cdots\cdots\cdots\cdots\cdots\cdots\cdots\text{(4.3)}$$

と表される。

　ここで、式（4.1）と式（4.3）を見比べると、$p(A,B)$ が共通して現れている。式（4.1）より、

$$p(A,B)=p(B\,|\,A)\,p(A)\quad\cdots\cdots\cdots\cdots\cdots\cdots\cdots\cdots\cdots\text{(4.4)}$$

式（4.3）より

$$p(A,B)=p(A\,|\,B)\,p(B)\quad\cdots\cdots\cdots\cdots\cdots\cdots\cdots\cdots\cdots\text{(4.5)}$$

式（4.4）と式（4.5）より p(A, B) が等しいので、

$$p(A,B)=p(A\,|\,B)\,p(B)=p(B\,|\,A)\,p(A)\quad\cdots\cdots\cdots\cdots\cdots\text{(4.6)}$$

と表すことができる（**確率の乗法定理**）。この確率の乗法定理は何を意味しているかと言うと、「AとBの同時確率」が、
・「Bの確率」×「Bが起こった（Bが所与の）もとでのAの条件付き確率」
・「Aの確率」×「Aが起こった（Aが所与の）もとでのBの条件付き確率」
のどちらでも書けることを表している。

　なお、確率の乗法定理について注意すべきことがある。すべての起こりうる確率の総和は1である。そのため、$p(B\,|\,A)$ は「"B"の条件付き確率」

なので、Bについて和を取れば（積分すれば）当然その値は1である。しかし、Aは「条件」であるので、Aについて和を取っても（積分しても）その値は1にはならない。

つまり、

$$\sum_B p(B|A) = 1 \quad \cdots\cdots\cdots\cdots\cdots\cdots\cdots\cdots\cdots\cdots\cdots\cdots\cdots \quad (4.7)$$

は成立するが、

$$\sum_A p(B|A) \neq 1 \quad \cdots\cdots\cdots\cdots\cdots\cdots\cdots\cdots\cdots\cdots\cdots\cdots\cdots \quad (4.8)$$

であることに注意されたい。

4.2　ベイズの定理

さて、式 (4.5) の中辺と右辺より、

$$p(A\,|\,B)\,p(B) = p(B\,|\,A)\,p(A)$$

両辺を $p(B)$ で割ると、

$$p(A\,|\,B) = \frac{p(B\,|\,A)\,p(A)}{p(B)}$$ ┈┈┈┈┈┈┈┈┈┈┈┈┈┈ (4.9)

が得られる。式 (4.9) の右辺がベイズの定理である。

いま、先の壺の例に即して、同時確率についてもう一度考える。同時確率とは、「事象 A と事象 B が同時に起こる確率」であり、先の壺の例では、具体的に書き下ろすと、

$$p(A = gray, B = 1)$$
$$p(A = gray, B = 2)$$
…
$$p(A = gray, B = 6)$$
$$p(A = white, B = 1)$$
…
$$p(A = white, B = 6)$$

が全ての場合となる。すると、

$$p(A) = \sum_B p(A, B)$$ ┈┈┈┈┈┈┈┈┈┈┈┈┈┈ (4.10)

と表すことができる。なお、A と B が連続値をとる場合は、

$$p(A) = \int_B p(A, B)$$ ┈┈┈┈┈┈┈┈┈┈┈┈┈┈ (4.11)

となることに注意されたい。この式変形は「周辺化」と呼ばれる。

さて、周辺化を用いると、式 (4.9) は、

$$p(A\,|\,B) = \frac{p(B\,|\,A)\,p(A)}{p(B)} = \frac{p(B\,|\,A)\,p(A)}{\sum_A p(A, B)}$$ ┈┈┈┈┈┈ (4.12)

となるが、ここで、$p(A, B) = p(B|A)p(A)$（式（4.4）より）であるから、式（4.12）は、

$$p(A|B) = \frac{p(B|A)p(A)}{\sum_A p(A, B)} = \frac{p(B|A)p(A)}{\sum_A p(B|A)p(A)} \quad \cdots\cdots\cdots\cdots (4.13)$$

となる。

　式（4.13）はどのような意味であろうか。左辺は「Bが起こった（Bが所与の）もとでAが起こる確率」を表している。右辺を見ると、AとBが逆転しており、右辺は「Aが起こった（Aが所与の）もとでBが起こる確率」のみで表されていることがわかる。つまり、左辺の条件付き確率が、「Aが起こった（Aが所与の）もとでBが起こる確率」を使って表されていることになる。このように、AとBの現れ方が対称になっていることから、ベイズの定理を「ベイズの反転公式」と呼ぶこともある。もう一つ興味深いこととして、右辺の分母は、分子の和で計算できるということがある。

　式（4.13）を更に眺めてみる。左辺をもう一度日本語として表すと、「Bが起こった（Bが所与の）もとでAが起こる確率」である。このことから、この場合、Bは「原因」、Aは「結果」と解釈できる。従って、$p(A|B)$ はBの原因の確率と考えることができる。

　このことから、さらに式（4.13）を解釈すると、「原因から結果が得られる確率」$p(A|B)$ が、「結果から原因を探る確率」$p(B|A)$ と結びついているということが理解できる。

　もちろん、式（4.12）および（4.13）は、離散データが前提の式であるため、連続データを扱う場合は、

$$p(A|B) = \frac{p(B|A)p(A)}{\int_A p(A, B)}$$

および、

$$p(A \mid B) = \frac{p(B \mid A)p(A)}{\int_A p(B \mid A)p(A)}$$

となることに注意されたい。

4.3　ベイズ推定とは

　ベイズ推定とは、ベイズ確率の考え方に基づいて、観測事象（観測された事実）から、推定したい事柄（原因事象）を、確率的な意味で推論することである。

　ベイズ推定を実践的に身につけるのが目的であれば、ベイズ推定は、「あまり理屈のいらない簡単な統計学」と思っておけばよい[3]。実際、先に出てきたベイズの定理というたった一つの道具だけでほとんど何でもできてしまう。その理由は、「普通の統計学（頻度主義の統計学）より仮定が多い」ためである。

　どのように仮定が多いのだろうか。先の参考文献[3]では、ベイズ統計では、データだけでなく、データ背後にある要素も確率的に生成されると仮定すると述べている。これがもっともな仮定か、少々無理のある仮定なのかは場合による。「検査で異常な値が出た人が病気と判定される確率」や「メールがスパムである確率」を考えるとき、「検診に来た人」とか「いま到着したメール」がある集団からランダムに抽出されたと仮定して、それらについて確率を考えることは、多くの人が受け入れるであろう。しかし、データに直線をあてはめるとき、その直線の傾きと切片が、ある確率分布からのサンプルであると想定してよいのか。この場合には、ちょっと心配になる人も多いと思うが、ベイズの立場では、そうした対象も含めて、世界のあらゆるものが確率分布から生成されたサンプルだと割り切って考える。その代わりに、いろいろなものが簡単になるのである。

　例えば、先の参考文献[3]が引用する形で、次のような事例を考える。

ある検査を受けたとき、受検者がガンであるときに陽性である確率は95%、ガンではないが陽性と誤判定する確率は2%であるとする。
また、ガンの罹患率は0.1%であるとする。
この条件において、検査結果が陽性ならばガンである確率はどの程度だろうか。

　いま、事象 A を病気の状態（ガンであるかないか）、事象 B を検査の判定（陽性か陰性か）であるとする。いま、ガンである確率を $p(A=cancer)$、ガンでない確率を $p(A=notcancer)$、検査の結果陽性である確率を $p(B=positive)$、陰性である確率を $p(B=negative)$ であるとする。すると、条件より、

$$p(B=positive \mid A=cancer) = \frac{95}{100}$$

$$p(B=positive \mid A=notcancer) = \frac{2}{100} \quad \cdots\cdots\cdots\cdots\cdots\cdots (4.14)$$

$$p(A=cancer) = \frac{1}{1000}$$

である。

　いま求めたいのは、$p(A=cancer \mid B=positive)$ であるから、式 (4.13) を用いると、

$$p(A=cancer \mid B=positive) = \frac{p(B=positive \mid A=cancer)\,p(A=cancer)}{\sum_A p(B=positive \mid A)\,p(A)}$$

$$= \frac{p(B=positive \mid A=cancer)\,p(A=cancer)}{p(B=positive \mid A=cancer)\,p(A=cancer) + p(B=positive \mid A=notcancer)\,p(A=notcancer)}$$

$$\cdots (4.15)$$

と表される。従って、式 (4.14) を式 (4.15) に代入すると、

$$p(A=cancer \mid B=positive) = \frac{\dfrac{95}{100} \times \dfrac{1}{1000}}{\dfrac{95}{100} \times \dfrac{1}{1000} + \dfrac{2}{100} \times \dfrac{999}{1000}} \cong 0.045$$

となる。つまり、検査が陽性であったとしても、実際にガンである確率は 4.5% である、ということになるし、検査結果を事前情報として与えた場合（所与とした場合）、ガンの罹患率は 4.5% になる（事前情報なしに一般的なガンの罹患率は 0.1% である）という解釈ができる。

　以上より、ベイズ推定とは、「事前確率を行動の観察や情報を付与す

ることによって事後確率へとベイズの定理を使って更新すること」であると纏められる。

ベイズ推定の強みは

・データが少なくても推測でき、データが多くなるほど予測が正確になる性質

・入ってくる情報に瞬時に反応して、自動的に推測をアップデートする学習機能

にあり、実際に用いられている事例としては、迷惑メールのフィルタリングや、検索エンジン機能など、様々な分野でベイズ推定は用いられている。

もう一つ重要な用語を学ぶ必要がある。式 (4.12) の左辺と中辺を再掲する。

$$p(A|B) = \frac{p(B|A)\,p(A)}{p(B)}$$

このとき、右辺の $p(B|A)$（原因に対して結果が得られる確率）を尤度（ゆうど）と呼び、$p(A)$ は原因が生じる確率であることから、事前確率と呼ぶ。これに対して、左辺の $p(A|B)$ は事後確率と呼ぶ。ベイズ推定によって得られた分析後の確率であるためである。

これらをまとめると図4-3のようになる。

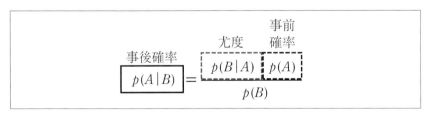

〔図4-3〕事後確率と尤度，事前確率の関係

4.4　最尤推定

　これまで確率分布のパラメタ θ は既知のものと仮定していた。パラメタは一般的には未知であり、分析の際には何らかの方法で特定化を行う必要がある[4]。ここで用いる方法として最尤推定（さいゆうすいてい）がある。最尤推定という考え方は、機械学習でよく用いられる。ベイズ推定はベイズ論に基づき、最尤推定は頻度論に基づいているという違いがある。前節でも述べたが、もう少し丁寧に書くと、尤度とは、ある確率論的モデルを仮定しているときに、その観測データが得られる確率を示す。簡単にいえば、「あるパラメタのもとで、確率論的モデルが、どの程度当てはまるか、ということを示す尺度」である。このことを踏まえると、最尤推定とは、「手持ちの観測データのもとで、あるパラメタ値が得られる確率」とみなして、尤度を最大化するようにパラメタ値を探索する推定方法である、と言える。

　一般的に最尤推定を行う手順は次の通りとなる。

①尤度方程式を作る

　　確率論的モデルを作り（データがどういう確率分布に従うか、確率分布のパラメタの関数型はどうなっているか）、それを数式として定義する。

②尤度最大化によって、最尤推定値を計算する

　　①で作った尤度方程式で定義される「尤度」を最大化させるパラメタ推定値を計算する。これが最尤推定値（Maximum likelihood estimate: MLE）である。

以上より、最尤推定法を言い換えて説明すると、<u>確率論的モデルのパラメタを変えていって、観測データに最もよく当てはまるところを探索する方法である</u>、と言える。但し、実際に計算する場合には、尤度をそのまま使うのではなく、尤度の対数を取った値で計算することが多い。

　さて、最尤推定法をわかりやすく考えるために、例えば次のような例を考える。

　まず、コインを投げたときに表が出る確率を $p=0.6$ と仮定する（モデル）。いま、コインを10枚投げるとする。このとき、我々は、観測デー

タとして、7枚表が出たという事実を把握しているものとする。ここで、

> 10枚のコインを投げたとき、7枚表が出た。このとき、表が出る確率 $p=0.6$ は妥当か？

ということを考える。

まずは尤度方程式を考える。コインの表が出る確率を p としたとき、10枚のコインを投げたら7枚表が出る確率を計算する。10枚のコインを投げるときに7枚表が出る場合の数は

$$_{10}C_7 = \frac{10!}{7!3!}$$

である。従って、7枚表、3枚裏が出る確率は

$$\frac{10!}{7!3!} p^7 (1-p)^3$$

である。いま、$p=0.6$ を代入すると、$p=0.6$ としたときの尤度は、

$$\frac{10!}{7!3!} p^7 (1-p)^3 \approx 0.21499$$

となる。さて、この結果を踏まえて、$p=0.6$ は本当に妥当か（＝尤もらしいか）考える。いま、$p=0, 0.1, 0.2, …, 1.0$ と変化させたときの尤度の変化（つまり、

$$f(p) = \frac{10!}{7!3!} p^7 (1-p)^3$$

の変化）をグラフにしてみると図4-4のようになる。
このグラフを見ると、尤度が最大になるのは $p=0.7$ のときであることがわかる。

最尤推定についてもっと一般的な書き方をする。確率過程 $Y_t (t=1, 2, …, T)$ 全体の尤度は $p(y_1, y_2, …, y_N; \theta)$ で表される。尤度の自然対数を**対数尤度**

$$l(\theta) = \log p(y_1, y_2, …, y_N; \theta)$$

と呼ばれる。対数をとる理由は、尤度自体が非常に小さい値を取るため

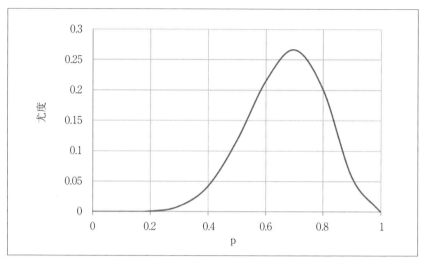

〔図 4-4〕尤度の変化

であると言われている。但し、対数を取ることで、計算が容易になることも多い。尤度を最大にするようにパラメタ θ を求める方法を**最尤法**という。最尤法において、尤度を最大にする θ を $\hat{\theta}$ と表す。この $\hat{\theta}$ を**最尤推定**といい、最尤推定は、

$$\hat{\theta} = \arg\max_{\theta} l(\theta)$$

として表される。$\arg\max\limits_{\theta}$ は、$l(\theta)$ の値を最大にする θ を求める、という意味である。

　先程のコイン投げの問題について、最尤法によって $\hat{\theta}$（つまり最適な p）を求める。いま、

$$\log f(p) = \log\left\{\frac{10!}{7!3!} p^7 (1-p)^3\right\}$$

のグラフを描くと、図 4-5 のようになる。

グラフの傾向としては尤度の場合と対数尤度の場合と同じである。log も単調増加関数であるため、尤度の増減と、その対数を取った対数尤度の増減が一致するというわけである、このグラフを見ると、$p=0.7$ の場

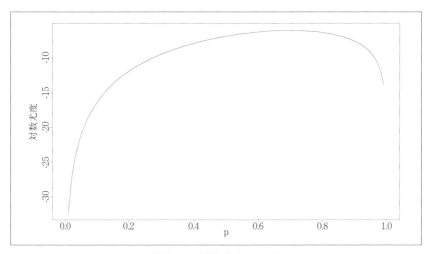

〔図 4-5〕対数尤度の変化

合に、対数尤度も最大となる。この結果は、最大尤度を求めた場合と一致しており、尤度ベースで考えても、対数尤度ベースで考えても、一致した結果が得られることが理解できるだろう。

　なお、最尤法自体は、ベイズ推定固有のものではなく、普通の統計学でも広く使われている。ベイズ統計の枠組みで考える利点は、最尤法の意味がわかりやすいことである。特にベイズでなくても、$p(y|x)$ がもともと、

　　　パラメタ X の値を与えたときのデータ Y の確率

ならば、最尤推定では方向を逆にして、

　　　データ Y の値を与えたときのパラメタ X の確率

を考えていると思いたくなる。しかし、この解釈は「パラメタは確率変数ではない」とする普通の統計学ではありえない。一方でベイズ統計では、この直観に近いことが正当化されるかわり、パラメタが何らかの確率分布からのサンプルであるという仮定を認めなければならない。

4.5　本章のまとめ

　ここでは、ベイズ推定について説明した。ベイズ推定は AI の一つであるが、ニューラルネットやディープラーニングは、大量のデータがあれば、力づくで入力と答えの関係を見つけることができる。その中身はブラックボックスで、予測した結果を人間が理解することは難しいと言われている。一方で、ベイズ推定は、人間の知識を基にモデルを構築できるため、ニューラルネットやディープラーニングに比べて説明力に優れ、結果の曖昧さについても扱うことができるため、責任のあるタスクに向いているのではないかという考えもある[5]ということは理解しておいても良いかも知れない。

参考文献

（1）高校数学の美しい物語：

　　https://mathtrain.jp/bayesinfer

　　（最終アクセス日：2019 年 10 月 5 日）

（2）野口悠紀雄, AI で用いられるベイジアンアプローチ,

　　https://note.mu/yukionoguchi/n/n05665b2a9516

　　（最終アクセス日：2019 年 10 月 5 日）

（3）伊庭幸人：ベイズ統計超速習コース, 岩波データサイエンス vol.1,
　　pp.6-16（2005）

（4）萩原淳一郎, 瓜生真也, 牧山幸史：基礎からわかる時系列分析―R で
　　実践するカルマンフィルタ・MCMC・粒子フィルタ―, 技術評論社
　　（2018）

（5）サイエンスライター鈴木友のブログ：

　　http://blog.livedoor.jp/szukiyu/archives/31930528.html

　　（最終アクセス日：2019 年 10 月 5 日）

第 **5** 章

微分・積分の基本

AI、統計学なのに何故微分・積分？と思われる方もおられるだろう。1.7で述べた内容を学ぶ上の基礎的事項として、微分・積分の知識は非常に重要になる。そのため、ここでは、微分・積分の基本的な内容について説明するが、紙数の関係で、必要最小限の内容に留める。なお、読者の中で「この程度の微分・積分は十分に理解できている」と感じた方は、読み飛ばして頂いて差し支えない。

5.1 極限とは

　ある数が限りなく大きくなったり、特定の値に近づく場合、関数がどのような値に近づくかを考える。このことを関数の**極限**という。例えば、関数 $y = f(x)$ とを考える。ここで、変数 x が限りなく大きくなることを考える。限りなく大きくなることを、数学では、無限大に近づけると考えて、$x \to \infty$ と書く。また、特定の値、例えば $x = a$ に近づける場合、$x \to a$ と書く。

　さて、この「極限」を考えるというのはどういうことだろうか。例えば、

$$y = \frac{1}{x}$$

という関数を考えてみよう。この関数に、1からどんどん値を増加させていき、そのときの y の値はいくらになるかまとめたのが次の表5-1である。

直感的には、x が果てしなく増加する、つまり、x を無限大に近づけると、$y = \frac{1}{x}$ は 0 に近づくのではないか、と思うだろう。実際、$y = \frac{1}{x}$ のグラフを書いてみるとその印象を受ける。 $y = \frac{1}{x}$ のグラフを図5-1に示す。

　このように、「関数 $y = \frac{1}{x}$ において、x を無限大に近づけると、$y = \frac{1}{x}$ は 0 に近づく」ということを、

$$\lim_{x \to \infty} \frac{1}{x} = 0$$

と表す。一般的に次のことが言える。

〔表5-1〕関数 $y = \frac{1}{x}$ の値の変化

x	y
1	1
2	0.5
5	0.2
10	0.1
100	0.01
10000	0.0001
1000000	0.000001

関数 $y = f(x)$ において、x を a に近づけたとき、

$y = f(x)$ は $y = b$ に近づくことを、$\displaystyle \lim_{x \to a} f(x) = b$ と表す。

極限の計算はある程度直感的に行うことができる。例えば、上の

$$\lim_{x \to \infty} \frac{1}{x}$$

については、分子は定数 1 で固定だが、分母は x の増加につれてどんどん値が大きくなる。分母が大きくなればなるほど分数の値は小さくなるはずだから、結果的に、

$$\lim_{x \to \infty} \frac{1}{x}$$

は 0 に近づく、ということになる。

$$\lim_{x \to \infty} \frac{1}{x + x^2}$$

という関数を考える場合も同様である。分子は定数、分母は 2 次の関数であるから、値が増加する割合は分子に比べて分母の方が大きいと感じ

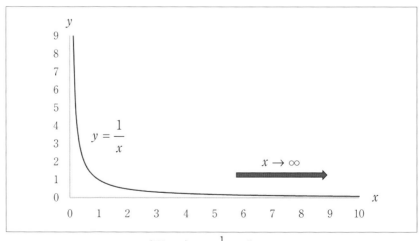

〔図 5-1〕 $y = \frac{1}{x}$ のグラフ

るだろう。すると、x の増加につれて、分母の方が分子に比べて遥かに値が大きくなる。先と同様に、分母が大きくなればなるほど値は小さくなるはずだから、結果的に、

$$\lim_{x \to \infty} \frac{1}{x + x^2} = 0$$

になることはわかるであろう。

　しかし、このような場合はどうだろうか。

$$\lim_{x \to \infty} \frac{x}{x+1}$$

分子も分母も殆ど増加の割合が同じであり、x を無限大に近づけることを考えると、分母の 1 は、「ほとんどゴミのような値」であるから、「何となく」、

$$\lim_{x \to \infty} \frac{x}{x+1} = 1$$

になるのではないか、と感じるだろう。一方で、分子について、x を無限大に近づけることを考えると、x は無限大に近づく。分母についても同様である。すると、

$$\lim_{x \to \infty} \frac{x}{x+1} = \frac{\infty}{\infty}$$

となり、「？？？」という感じになるであろう。このような、いわゆる $\frac{\infty}{\infty}$ の形の極限を考える場合は、分母の最も次数の高い項で分子分母を割る方法が良い。つまり、$\frac{x}{x+1}$ で、分母の最も次数の高い項は x であるから、

$$\lim_{x \to \infty} \frac{x}{x+1} = \lim_{x \to \infty} \frac{\dfrac{x}{x}}{\dfrac{x}{x} + \dfrac{1}{x}} = \lim_{x \to \infty} \frac{1}{1 + \dfrac{1}{x}}$$

となる。すると、考えるべきは

$$\lim_{x \to \infty} \frac{1}{x}$$

だけになるが、

$$\lim_{x\to\infty}\frac{1}{x}=0$$

であるので、結果的に、

$$\lim_{x\to\infty}\frac{x}{x+1}=\lim_{x\to\infty}\frac{1}{1+\dfrac{1}{x}}=\lim_{x\to\infty}\frac{1}{1+0}=1$$

が得られる。

　なお、関数 $y=f(x)$ の極限を考えるときに、例えば、x を 0 に近づけるという場合、プラス方向から 0 に近づける場合と、マイナス方向から 0 に近づける場合の 2 種類がある。前者を $x\to+0$、後者を $x\to-0$ と書く。何故このようにプラス方向から近づける場合とマイナス方向から近づける場合とで考える必要があるのだろうか。例えば、先の関数 $y=\dfrac{1}{x}$ を考えるとわかりやすい。図 5-2 を見て頂きたい。

　$y=\dfrac{1}{x}$ は、$x<0$ では負の値を取り、$x>0$ では正の値を取る。そして、$x<0$ の任意の値から 0 に近づけると $-\infty$ に近づき、逆に、$x>0$ の任意の値から 0 に近づけると ∞ に近づくことがわかる。つまり、0 における

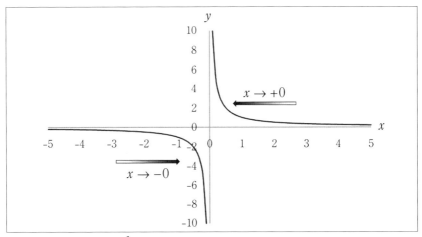

〔図 5-2〕 $y=\dfrac{1}{x}$ のグラフと $x\to+0$ および $x\to-0$ への極限

極限の値は、$x<0$ の任意の値から 0 に近づける場合と、$x>0$ の任意の値から 0 に近づける場合とで異なることがわかる。従って、

$$\lim_{x \to +0} \frac{1}{x} = +\infty$$

$$\lim_{x \to -0} \frac{1}{x} = -\infty$$

となる、これらをまとめて、

$$\lim_{x \to \pm 0} \frac{1}{x} = \pm\infty$$

と書く。

　極限の考え方は、この後に述べる、微分・積分の考え方に繋がる。

5.2 微分とは

例えば、時速 60km/h で進む（つまり、1 時間（＝60 分）で 60km 進む）自動車は、1 分あたり何 km 進むことができるだろうか。非常に簡単な問題であり、小学校のときに習った、いわゆる「はじき」の公式（速さ、時間、距離を計算する公式）を使えば、

$$\frac{60[\text{km}]}{60[\text{min}]} = 1[\text{km}/\text{min}]$$

として求められる。つまり、1 分あたり 1km 進むということになる。

しかし、これは、自動車が「常に 1 分あたり 1km 進む」ことが前提である、等速直線運動をしている場合の話である。現実にはこんなことはあり得ない。特に、運転を開始した直後は、いきなり 60km/h で走ることは無い。遅い速度から、徐々に加速していく、ということが自然である。加速を続け、速度が 60km/h になったら、一定速で走行する、という状況の方が自然であろう。加えて言えば、1 時間丁度走ったら休憩、というような状況を想定すれば、減速のことも考えなければならない。1 時間経つ前に、徐々に減速しなければ、ずっと走り続けることとなり、休憩を取ることができなくなる。したがって、60km/h から速度を落とすこととなる、という状況が自然であろう。

では、実際には、どの程度の速さで、自動車は走っているか、ということを、厳密に調べるとすれば、どのようにすれば良いだろうか。基本的には速さは、「単位時間あたりに移動した距離」のことである。単位時間を 1 分で考えれば、1 分間に移動した距離となる。この「単位時間」を、ものすごく細かい時間（微小時間）取れば、その分だけ、車がどのように動くか、細かく把握することができるのではないだろうか。このように、微小時間あたりの変化量を表すことを**微分**という。微分は、主に時間とともに変化する値（速度、加速度、気圧、風速など…）を計算するときに用いる[1]。

5.3　導関数

　関数 $f(x)$ に対して、次の式で表される**導関数** $f'(x)$ を求めることを「関数 $f(x)$ を微分する」という。

$$f'(x) = \lim_{h \to 0} \frac{f(x+h) - f(x)}{h} \quad \text{..................................} \quad (5.1)$$

感覚的には、先の自動車の微小時間の速度を計算する、ということと同じである、ということが把握できるであろう。

　式 (5.1) に基づけば、例えば、関数 $f(x) = x^2$ の導関数は、次のように求められる。

$$f'(x) = \lim_{h \to 0} \frac{f(x+h) - f(x)}{h} = \lim_{h \to 0} \frac{(x+h)^2 - x^2}{h}$$

$$= \lim_{h \to 0} \frac{x^2 + 2hx + h^2 - x^2}{h} = \lim_{h \to 0} \frac{2hx + h^2}{h} = \lim_{h \to 0} \frac{h(h+2x)}{h}$$

$$= \lim_{h \to 0} (h+2x) = 2x \tag{5.2}$$

導関数の考え方を理解するのであれば、次の図5-3を参照すると良い。この図において、適当な2つの x 座標、x と $x+h$ をとる（図5-4）。

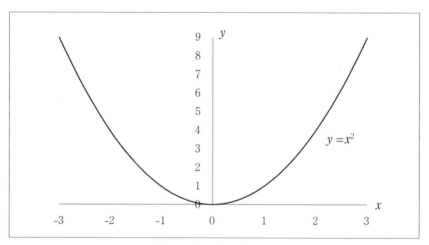

〔図5-3〕$y = x^2$ のグラフ

これらの x 座標に対応する $f(x)=x^2$ 上の 2 点、$f(x)=x^2$ と $f(x+h)=(x+h)^2$ をとり、それぞれを結ぶ（図 5-5）。

　中学数学で学んだことと思うが、「直線の傾き」は、「高さ（y 座標）の

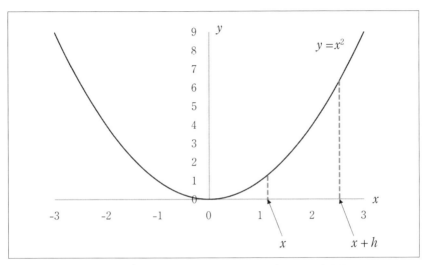

〔図 5-4〕$y=x^2$ のグラフにおいて x および $x+h$ の点を取る

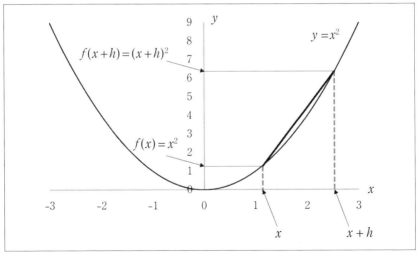

〔図 5-5〕$y=x^2$ のグラフにおいて 2 点を結ぶ

差」を「長さ（x座標）の差」で割ったものとなる。図5-5において、2点周辺を拡大した図を図5-6に示す。x軸に対する斜辺の勾配が、いわゆる「直線の傾き」になる。

ここで、直線の傾きは、

$$\frac{f(x+h)-f(x)}{(x+h)-x}=\frac{(x+h)^2-x^2}{h}=\frac{x^2+2hx+h^2-x^2}{h}=\frac{h(h+2x)}{h}=h+2x$$

で表すことができる。

　さて、ここで、hは、xとは異なる任意の点である（ここでは、わかりやすく説明するため、xより右側に配置している）。いま、このhを、限りなく0に近づければ、それは何を意味するであろうか。図5-7を見てみよう。hを、限りなく0に近づけると、傾きも緩やかになっており、次第に、座標xその地点での傾き（接線の傾き）に近づいていることがわかるだろう。$\lim_{h\to 0}$は、この「hを、限りなく0に近づける」ことを意味している。結果的に、式(5.2)のようになることは理解できるであろう。

　いま、理解のしやすさのために、具体的に、この一連の説明から、$f(x)=x^2$という関数を具体的に設定したが、どのような関数でも考え方は同じである。つまり、導関数というものは、**任意の座標 x における、関数 $f(x)$ の接線の傾きを表すもの**であると言える。

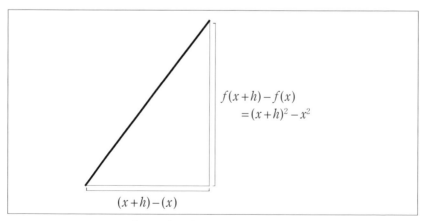

〔図5-6〕2点周辺を拡大した図

これを参考にして、例えば、式 (5.1) において、$x=2$ を代入してみよう。そうすると、その値は 4 となる。この、「$x=2$ における導関数の値は 4 である」ことは何を意味しているのだろうか。これまでの議論を振り返れば、「$x=2$ における接線の傾き」であることは容易に理解できるだろう（図 5-8）。

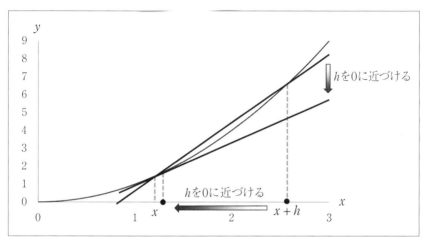

〔図 5-7〕h を 0 に近づけるときの傾きの変化

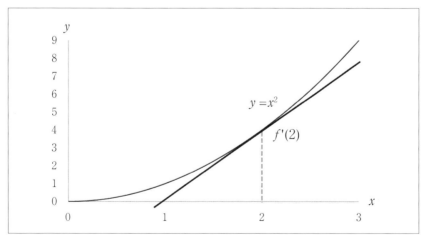

〔図 5-8〕$x=2$ における導関数

導関数 $f'(x)$ に座標 $x=a$ を代入したもの、つまり $f'(a)$ を**微分係数**という。
つまり、

$$f'(a) = \lim_{h \to 0} \frac{f(a+h) - f(x)}{h} \quad \cdots\cdots\cdots\cdots\cdots\cdots\cdots \quad (5.3)$$

である。

　導関数については次の公式が存在する。

$$f(x) = x^n \quad (n \neq 0) \text{ のとき、} \quad f'(x) = nx^{n-1}$$

この公式の証明の方法は数種類存在するが、数学的帰納法で証明してみる。

【証明】

・$n=1$ のとき、

$$\lim_{h \to 0} \frac{(x+h) - h}{(x+h) - h} = 1$$

となり正しい。

・$n=k$ のとき、$(x^k)' = kx^{k-1}$ が成立するとする。

　このとき、

$$(x^{k+1})' = (x \cdot x^k)' = (x)' \cdot x^k + x \cdot (x^k)' = x^k + kx^k = (1+k)x^k \quad \cdots\cdots \quad (5.4)$$

となるため、成立。

従って、数学的帰納法により、証明された。

なお、(5.4) 式の導出に当たっては、基本的な微分公式である、

$$\{f(x)g(x)\}' = f'(x)g(x) + f(x)g'(x) \quad \cdots\cdots\cdots\cdots\cdots\cdots \quad (5.5)$$

を用いている。

　導関数を求めるときに、「関数 $f(x)$ を x で微分する」などという。関数が $y=f(x)$ で表される場合は、「関数 y を x で微分する」という。つまり、

「どの関数（変数）を、どの変数で微分するか」が明示されていなければ
ならない。この、「どの関数（変数）を、どの変数で微分するか」の書き
方だが、例えば、「関数 y を x で微分する」という場合は、

$$\frac{dy}{dx}$$

と書くし、「関数 $f(x)$ を x で微分する」という場合は、

$$\frac{d}{dx}f(x)$$

と書く。

　なお、定数を $k(\neq 0)$ としたとき、

$$f(x) = kx^n \quad (n \neq 0) \text{ のとき、 } f'(x) = k \cdot nx^{n-1}$$

および、

$$\{f(x) + g(x)\}' = f'(x) + g'(x)$$

となることにも注意されたい。なお、定数を微分すると0になる。すなわち、

$$y = C \text{ (C は定数) のとき、} y' = 0$$

$y = C$ ということは、グラフが x 軸に平行であり、どの地点でも接線の
傾きは0になることから、至極当然であろう。
　三角関数についても微分公式が存在する。

$$y = \sin x \text{ のとき、} y' = \cos x$$

【証明】

微分の定義より、

$$\lim_{h \to 0} \frac{f(x+h)-f(x)}{h} = \lim_{h \to 0} \frac{\sin(x+h)-\sin x}{h}$$

ここで、三角関数の和積公式 $\sin(a+b)=\sin a \cos b + \cos a \sin b$ より、上式は、

$$\lim_{h \to 0} \frac{\sin(x+h)-\sin x}{h} = \lim_{h \to 0} \frac{\sin x \cos h + \cos x \sin h - \sin x}{h}$$

$$= \lim_{h \to 0} \frac{\sin x(\cos h -1) + \cos x \sin h}{h}$$

ここで、

$$\frac{\cos h - 1}{h}$$

について考える。この式の分子と分母に $\cos h + 1$ を掛けると、

$$\frac{\cos h - 1}{h} = \frac{(\cos h - 1)(\cos h + 1)}{h(\cos h + 1)} = \frac{\cos h^2 - 1}{h(\cos h + 1)}$$

いま、$\sin^2 h + \cos^2 h = 1$ であるから、$\cos^2 h - 1 = -\sin^2 h$ 従って、

$$\frac{\cos h^2 - 1}{h(\cos h + 1)} = \frac{-\sin^2 h}{h(\cos h + 1)} = -\frac{\sin^2 h}{h^2} \cdot \frac{h}{(\cos h + 1)}$$

ここで、

$$\lim_{h \to 0} \frac{\sin h}{h} = 1$$

であるから（$\lim_{h \to 0} \dfrac{\sin h}{h} = 1$ の証明は参考書などを参照されたい）、

$$\lim_{h \to 0} \left(-\frac{\sin^2 h}{h^2} \right) \cdot \frac{h}{\cos h + 1} = -1 \cdot \frac{0}{1+1} = 0$$

となるので、

$$\lim_{h \to 0} \frac{\cos h - 1}{h} = 0$$

である。

従って、

$$\lim_{h \to 0} = \frac{\sin x(\cos h - 1) + \cos x \sin h}{h} = \lim_{h \to 0} \frac{\sin x(\cos h - 1) + \cos x \sin h}{h}$$

$$= \lim_{h \to 0} \left(\sin x \frac{(\cos h - 1)}{h} + \cos x \frac{\sin h}{h} \right) = \sin x \cdot 0 + \cos x \cdot 1 = \cos x$$

また、

$y = \cos x$ のとき、$y' = -\sin x$

も重要である。

【証明】

$y = \sin x$ のとき、$y' = \cos x$ を証明する場合と同様である。微分の定義より、

$$\lim_{h \to 0} \frac{f(x+h) - f(x)}{h} = \lim_{h \to 0} \frac{\cos(x+h) - \cos x}{h}$$

ここで、三角関数の和積公式 $\cos(a+b) = \cos a \cos b - \sin a \sin b$ より、上式は、

$$\lim_{h \to 0} \frac{\cos(x+h) - \cos x}{h} = \lim_{h \to 0} \frac{\cos x \cos h - \sin x \sin h - \cos x}{h}$$

$$= \lim_{h \to 0} \frac{\cos x(\cos h - 1) - \sin x \sin h}{h}$$

ここで、$y' = \cos x$ を証明する場合と同様に、

$$\lim_{h \to 0} \frac{\cos h - 1}{h} = 0, \ \lim_{h \to 0} \frac{\sin h}{h} = 1$$

であるから、

$$\lim_{h \to 0} = \frac{\cos x (\cos h - 1) - \sin x \sin h}{h}$$

$$= \lim_{h \to 0} \left(\cos x \frac{(\cos h - 1)}{h} - \sin x \frac{\sin h}{h} \right) = \cos x \cdot 0 - \sin x \cdot 1 = -\sin x$$

その他、次の公式も重要である。

・　$y = \dfrac{f(x)}{g(x)}$ のとき、$y' = \dfrac{f'(x)g(x) - f(x)g'(x)}{\{g(x)\}^2}$

・　$y = e^x$ のとき、$y' = e^x$

・　$y = \log x$ のとき、$y' = \dfrac{1}{x}$

・　$y = a^x$ のとき、$y' = a^x \log a$

・　$y = \tan x$ のとき、$y' = \dfrac{1}{\cos^2 x}$

ここで、

$$y = \tan x \text{ のとき、} y' = \frac{1}{\cos^2 x}$$

については、次のようにすれば簡単に証明できる。

【証明】

$$y = \tan x = \frac{\sin x}{\cos x}$$

なので、

$$y' = \left(\frac{\sin x}{\cos x}\right)' = \frac{(\sin x)'\cos x - \sin x(\cos x)'}{\cos^2 x} = \frac{\cos^2 x - \sin x(-\sin x)}{\cos^2 x}$$

$$= \frac{\cos^2 x + \sin^2 x}{\cos^2 x}$$

ここで、$\sin^2 x + \cos^2 x = 1$ なので、

$$y' = \frac{\cos^2 x + \sin^2 x}{\cos^2 x} = \frac{1}{\cos^2 x}$$

5．4　積分とは

　積分とは微分の逆である。微分が $f(x)$ から $f'(x)$ を求める作業であるならば、積分は $f'(x)$ から $f(x)$ を求める作業である（図 5-9）。

　積分には二種類ある。それは**不定積分**と**定積分**である。ここでは両方説明するが、まずは不定積分から説明する。

5．4．1　不定積分とは

　例えば、$f'(x)=x^2+2x+1$ であるとき、$f(x)$ を求めたいとする（つまり、積分したい、ということである）。ちょっとパズルのようであるが、一例として、

$$f(x) = \frac{1}{3}x^3 + x^2 + x$$

のような関数はどうだろうか。実際、$f'(x)$ を計算すると、$f'(x)=x^2+2x+1$ となるので、問題ない。

　しかし、所望の $f(x)$ は

$$f(x) = \frac{1}{3}x^3 + x^2 + x$$

だけだろうか。「定数を微分すると 0 になる」ということを思い出すと、例えば、

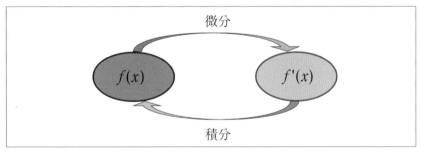

〔図 5-9〕微分と積分の違い

$$f(x) = \frac{1}{3}x^3 + x^2 + x + 1$$

$$f(x) = \frac{1}{3}x^3 + x^2 + x + \frac{6}{7}$$

$$f(x) = \frac{1}{3}x^3 + x^2 + x - \sqrt{5}$$

のような $f(x)$ も、$f'(x)$ を求めると、全部 $f'(x) = x^2 + 2x + 1$ となる。つまり、この「定数を微分すると 0 になる」という性質のせいで、$f(x)$ は一様に定まらないのである。極端なことを言えば、

$$f(x) = \frac{1}{3}x^3 + x^2 + x$$

に定数項が付けば何でも $f'(x) = x^2 + 2x + 1$ になる、ということである。そこで、定数項を C として、

$$f(x) = \frac{1}{3}x^3 + x^2 + x + C$$

と書くことにする。C を積分定数といい、定数項として C を考慮して得られた積分を不定積分という。

　さて、このように、「$f'(x) = x^2 + 2x + 1$ を満たす $f(x)$ は

$$f(x) = \frac{1}{3}x^3 + x^2 + x + C$$

である」ということを一々書くのも面倒である。そこで、次のような記号を用いて簡単に書くことにする。

$$\int (x^2 + 2x + 1)\, dx = \frac{1}{3}x^3 + x^2 + x + C$$

$\int$ を積分記号といい、インテグラルと読む。また、積分記号の後に出てくる dx は、「x で積分する」ということを意味している。

　積分の計算をするには、いくつか公式を覚えておく必要がある。と言っても、「積分は微分の逆」ということを理解しておけば、特段覚えるほどの公式でないことも理解できよう。

$$\int x^n dx = \frac{1}{n+1}x^{n+1}+C \quad (C \text{ は積分定数})$$

その他、次の公式も重要である。全て C は積分定数である。

・ $\int \frac{1}{x}dx = \log|x|+C$

・ $\int \sin x dx = -\cos x + C$

・ $\int \cos x dx = \sin x + C$

・ $\int \tan x dx = -\log|\cos x|+C$

・ $\int \log x dx = x\log x - x + C$

・ $\int e^x dx = e^x + C$

・ $\int a^x dx = \frac{a^x}{\log a}+C$

5.4.2　定積分とは [2]

関数 $y=f(x)$ の不定積分の1つを $F(x)$ とし、積分定数を C とする。いま、

$$\int f(x)dx = F(x)+C = G(x)$$

とする。このとき、2つの実数 a, b に対し、$G(b)-G(a)$ を考える。いま、$G(x)=F(x)+C$ であるから、

$$G(b)-G(a) = F(b)+C-\{F(a)-C\} = F(b)-F(a)$$

となる。このように、不定積分で求めた式に2つの値を代入し、その差を取ると、積分定数に全く関係のない値になる。この $F(b)-F(a)$ を $y=f(x)$ の a から b までの**定積分**といい、

$$\int_a^b f(x)dx$$

と書く。また、$F(b)-F(a)$ を $[F(x)]_a^b$ で表す。つまり、

> 関数 $y = f(x)$ の不定積分の1つを $F(x)$ とすると、
>
> $$\int_a^b f(x)\,dx = [F(x)]_a^b = F(b) - F(a)$$

このことから、定積分の求め方をまとめると、次のようになる。

(1) 積分記号の中にある関数を不定積分する。但し積分定数は無視する。
(2) 不定積分して得られた関数に b を代入する。
(3) 不定積分して得られた関数に a を代入する。
(4) (2) で得られた値から (3) で得られた値を引く。

　例えば、$\int_1^2 (x^2 + 2x)\,dx$ を求めてみよう。
(1) 積分記号の中にある関数を不定積分する。但し積分定数は無視する。
　つまり、

$$\int (x^2 + 2x)\,dx = \frac{1}{2+1}x^{2+1} + 2 \cdot \frac{1}{1+1}x^{1+1} = \frac{1}{3}x^3 + \frac{2}{2}x^2 = \frac{1}{3}x^3 + x^2$$

となる。
　積分定数は無視するので、積分定数 C を付けていない。
(2) 不定積分して得られた関数に b を代入する。
　$b = 2$ なので、(1) で得られた

$$\frac{1}{3}x^3 + x^2$$

の x に2を代入する。

$$\frac{1}{3} \cdot 2^3 + 2^2 = \frac{8}{3} + 4 = \frac{20}{3}$$

となる。
(3) 不定積分して得られた関数に a を代入する。
　$a = 1$ なので、(1) で得られた

$$\frac{1}{3}x^3 + x^2$$

のxに1を代入する。

$$\frac{1}{3}\cdot 1^3+1^2=\frac{1}{3}+1=\frac{4}{3}$$

となる。

(4) (2) で得られた値から (3) で得られた値を引く。

$$\frac{20}{3}-\frac{4}{3}=\frac{16}{3}$$

となる。

　つまり、

$$\int_1^2 (x^2+2x)\,dx=\left[\frac{1}{3}x^3+x^2\right]_1^2=\left\{\frac{1}{3}2^3+2^2-\left(\frac{1}{3}1^3+1^2\right)\right\}=\frac{20}{3}-\frac{4}{3}=\frac{16}{3}$$

となる。

5.4.3　積分の意味[(2)]

　前節で考えた定積分を踏まえて、積分の意味を考える。図のように、関数 $y=f(x)$ を考える。このとき、関数 $y=f(x)$ と、直線 $x=a$ および $x=b$、そして x 軸で囲まれた面積 S を求めることを考える（図5.10）。図5.10において、直線 $x=a$ から $x=t$ までの面積を $S(t)$ と定義し、また、関数 $y=f(x)$ と、直線 $x=t$ および、$x=t$ から微小量 Δt だけ動かした直線 $x=t+\Delta t$、そして x 軸で囲まれた微小面積を ΔS とする。いま、定義より、直線 $x=a$ から $x=t+\Delta t$ までの面積は $S(t+\Delta t)$ となるから、図5.10を参考にすると、

$$\Delta S=S(t+\Delta t)-S(t)$$

となる。

　ここで、ΔS に着目する。区間 $[t,\ \Delta t]$ において、微小区間なので、ΔS はほぼ台形とみなすことができる。そして、うまく $t\le x\le t+\Delta t$ なる座標 x をとると、

$$f(x)\Delta t = \Delta S$$

とすることができる。考え方としては、台形（と近似できる図形）の微小面積が、幅 Δt、高さ $f(x)$ の長方形の面積と等しくなるようにすることができる、ということである。

　この考え方を用いると、$\Delta S = S(t+\Delta t) - S(t)$ は、

$$f(x)\Delta t = S(t+\Delta t) - S(t)$$

と表すことができる。上式を、

$$f(x) = \frac{S(t+\Delta t) - S(t)}{\Delta t}$$

と変形する。いま、Δt を 0 に近づける、つまり、

$$\lim_{\Delta t \to 0} f(x) = \lim_{\Delta t \to 0} \frac{S(t+\Delta t) - S(t)}{\Delta t}$$

を考える。右辺を見ると、これは $S(t)$ の微分係数を表している。また、左辺について考えると、$f(x)$ は Δt が 0 に近づくと $f(t)$ に近づくので、

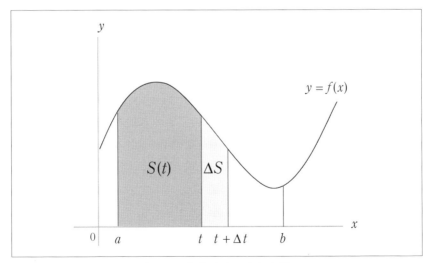

〔図 5-10〕定積分の考え方[1]

$$\lim_{\Delta t \to 0} f(x) = f(t)$$

となる。すなわち、

$$f(t) = S'(t)$$

となる。

　いま、$S(t)$ は $x=a$ から $x=t$ までの面積を表すことを思い出して欲しい。さて、$f(x) = S'(t)$ の両辺を積分すると、

$$S(t) = \int f(t)\,dx = F(t) + C$$

となる。ここで、$S(a)$ は $x=a$ から $x=a$ までの面積であるということを表し、それはつまり 0 となるので（そもそも面積がない！）、上式に $t=a$ を代入すると、

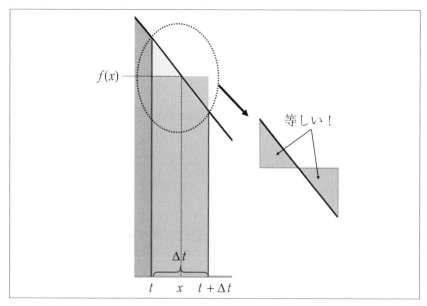

〔図5-11〕定積分の考え方[(2)]

$$S(a) = F(a) + C = 0$$

となる。したがって、

$$C = -F(a)$$

となる。

　さて、元々求めたいものは、「関数 $y = f(x)$ と、直線 $x = a$ および $x = b$、そして x 軸で囲まれた面積 S」であるから、$S(b)$ を求めれば良いことになり、

$$S(b) = F(b) + C = F(b) - F(a)$$

が得られる。ここで、$C = -F(a)$ を用いた。

　以上の議論から、定積分が、図形の面積を求めることと関係していることが理解できるであろう。

5．5　微分と積分の関係〜位置、速度、加速度から〜

　微分と積分の関係をもう少し詳しく見るために、ある一定の加速度で動く物体の動きについて考える。時間（t[s]）を横軸、加速度（a[m/s²]）を縦軸に取った、a-t グラフを図5.12に示す。

　そもそも加速度とは何だろうか。加速度とは、その単位を見れば推測できるように、「単位時間（1秒）あたりの速度の変化」である。従って、任意の時間 t における速度は、図5.12の灰色部の面積を求めれば良いと考えられる。ここでは加速度は一定値 a[m/s²] であるから、この面積は at となり、これはそのまま任意の時間 t における速度 at[m/s] となる。仮に時刻 $t=0$ における速度（つまり速度の初期値）が v_0 であるとすると、この v_0 を加えることで、任意の時間 t における速度は、正確には、v_0+at[m/s] となる。このことから、「加速度を積分すると速度になる」ということが把握できるかと思う。

　では、次に、この物体の、任意の時間 t における速度について考える。時間（t[s]）を横軸、加速度（v[m/s]）を縦軸に取った、v-t グラフを図5.13に示す。

　そもそも速度とは何だろうか。速度とは、その単位を見れば推測でき

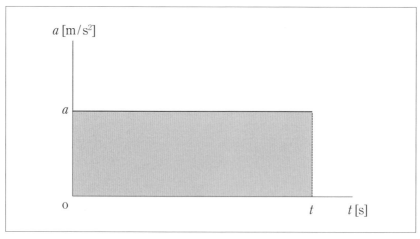

〔図5-12〕a-t グラフ

るように、「単位時間（1秒）あたりの位置の変化」である。従って、任意の時間 t における位置は、図 5.13 の灰色部の面積を求めれば良いと考えられる。ここでは速度は v_0+at[m/s] であるから、この面積は台形の面積を求めることに他ならず、つまり、

$$\{v_0+(v_0+at)\}\times t\times\frac{1}{2}$$

となり、これはそのまま任意の時間 t における位置

$$v_0t+\frac{1}{2}at^2[\mathrm{m}]$$

となる。仮に時刻 $t=0$ における位置（つまり初期位置）が x_0 であるとすると、この x_0 を加えることで、任意の時間 t における速度は、正確には、

$$x_0+v_0t+\frac{1}{2}at^2[\mathrm{m}]$$

となる。このことから、「速度を積分すると位置になる」ということが把握できるかと思う。この物体について、時間（t[s]）を横軸、位置（x[m]）を縦軸に取った、x-t グラフを図 5.14 に示す。

　加速度から速度、速度から位置を求めることは積分することと同じで

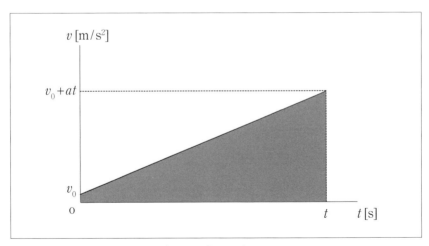

〔図 5-13〕v-t グラフ

あることは推測できたと思う。逆に、位置から速度、速度から加速度を求めることは、積分とは逆に、微分することと同じである。これらのことから、<u>**微分と積分は逆の概念**</u>であり、また、加速度、速度、位置という基本的な物理量との関連についても把握できるかと思う。つまり、「<u>**加速度を積分すれば速度、速度を積分すれば位置**</u>」が得られるし、「<u>**位置を微分すれば速度、速度を微分すれば加速度**</u>」になるわけである。この関係を図5.15に示す。

この関係は意外と使われることが多いので、理解しておくことを勧めたい。

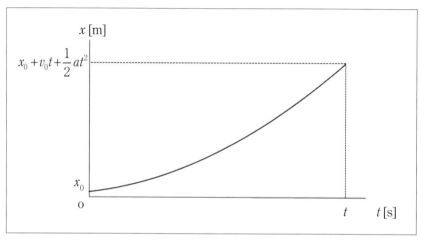

〔図5-14〕x-t グラフ

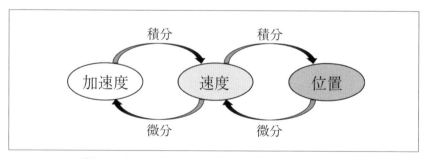

〔図5-15〕加速度、速度、位置と微分・積分の関係

5.6 本章のまとめ

　ここでは、微分・積分の簡単な概念を学んだ。微分・積分は、機械学習でも使う内容であるが、それ以外にも、工学では必要不可欠な内容である。そのため、機械学習だから学ぶ、ということではなく、工学に携わっているから学ぶ、という気持ちで理解する必要があると思う。また、数式が多く出てきたが、イメージで捉えることで理解が早くなることも期待できるので、何でもかんでも、数式で理解しようとはしない方が良いと思う。

第6章

線形代数の基本

AI、統計学なのになぜ線形代数？と思われる方もおられるだろう。AI では大量のデータを扱うが、そのためには行列を含めた線形代数の知識は必須である。AI の勉強をしていくにあたっては、線形代数の知識が非常に重要になる。ここでは、線形代数の基本的な内容について説明するが、紙数の関係で、必要最小限の内容に留める。なお、読者の中で「この程度の線形代数は十分に理解できている」と感じた方は、読み飛ばして頂いて差し支えない。

6.1　ベクトルとは

　ベクトルとは数字を並べたものであり、例えばベクトル $\boldsymbol{a}$（$\vec{a}$ とも書く）の中に2つの数字 $(1,2)$ が並んでいる場合、次のように書く。

$$\boldsymbol{a}=[1\ \ 2]\quad\cdots\cdots\cdots\cdots\cdots\cdots\cdots\cdots\cdots\cdots\cdots\quad(6.1)$$

このように「数字を横に並べた」ベクトルを行ベクトルという。数字は横に並べるだけでなく、縦に並べることもでき、その場合は次のように書く。

$$\boldsymbol{a}=\begin{bmatrix}1\\2\end{bmatrix}\quad\cdots\cdots\cdots\cdots\cdots\cdots\cdots\cdots\cdots\cdots\cdots\quad(6.2)$$

このように「数字を縦に並べた」ベクトルを列ベクトルという。いま、2つの数を並べて、行ベクトルと列ベクトルを作ったが、このように、2つの数を並べて作ったベクトルを2次元ベクトルという。もし3つの数であれば3次元ベクトル、4つの数であれば4次元ベクトルという。当然、n 個の数であれば n 次元ベクトルという。特に、行ベクトルの中の数字が n 個ある場合、n 次元の行ベクトルといい、列ベクトルの中の数字が n 個ある場合、n 次元の列ベクトルという。

　2次元のベクトルは、その数字の並びは、xy 平面上の座標に対応させることができる。例えば

$$\boldsymbol{a}=[1\ \ 2]\text{もしくは}\boldsymbol{a}=\begin{bmatrix}1\\2\end{bmatrix}$$

というものは、図のように、xy 平面上の原点 O から点 $(1,2)$ に向かう方向を示す矢印である、と考えることができる。この場合、行ベクトルであろうと列ベクトルであろうと気にすることはない。行ベクトルであれば左→右と「x 座標→y 座標」に対応しており、列ベクトルであれば上→下と「x 座標→y 座標」に対応していると考えれば良い（図6-1）。同様に、3次元ベクトルでは、その数字の並びは、xyz 空間上の点に対応させることができる。例えば

$$\boldsymbol{a} = [1 \quad 2 \quad 3] \text{ もしくは } \boldsymbol{a} = \begin{bmatrix} 1 \\ 2 \\ 3 \end{bmatrix}$$

というものは、図のように、xyz 空間上の原点 O から点 $(1, 2, 3)$ に向かう方向を示す矢印である、と考えることができる（図6-2）。この場合も、行ベクトルであろうと列ベクトルであろうと気にすることはない。行ベクトルであれば左→右と順に「x座標→y座標→z座標」に対応しており、列ベクトルであれば上→下と順に「x座標→y座標→z座標」に対応していると考えれば良い。

さて、ベクトルがxy平面やxyz空間に対応付けできることから、「ひょっとしたらベクトルには大きさがあるのではないか」と思った人もいるだろう。何故なら、xy平面でも xyz 空間でも、原点から任意の点の距離は、三平方の定理を用いれば簡単に得られるからである。例えば、xy平面上の原点 O から点 $(1, 2)$ までの距離は、座標の「x成分の2乗とy成分の2乗の和の平方根」で表すことができるので、$\sqrt{1^2 + 2^2} = \sqrt{5}$ と計算すれば求めることができるし、xyz 空間上の原点 O から点 $(1, 2, 3)$ までの

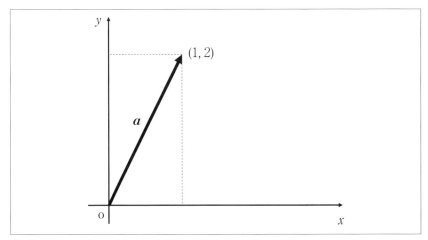

〔図6-1〕2次元ベクトルの考え方

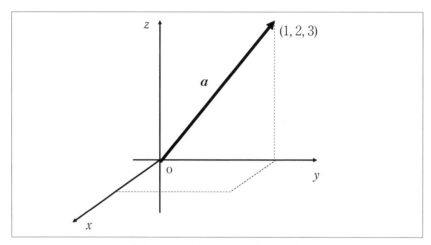

〔図6-2〕3次元ベクトルの考え方

距離は、座標の「x成分の2乗、y成分の2乗、z成分の2乗の全ての和の平方根」で表すことができるので、$\sqrt{1^2+2^2+3^2}=\sqrt{14}$ と計算すれば求めることができる。

　同じように、ベクトルについて考えてみる。実際、ベクトルには大きさがあり、それは、「矢印の長さ」である。xy平面および xyz 空間で考えると、「矢印の長さ」は、すなわち、「原点 O（矢印の根元）から座標（矢印の先端）までの大きさ」であり、先の考え方にならえば、単に、原点O から座標までの距離に他ならないことが推測できるだろう。

　例えば、a=[1　2]の大きさを求めることを考える。xy平面で考えれば、ベクトル a=[1　2] は、「原点Oから点 $(1,2)$ に向かう矢印」に他ならない。このベクトルの大きさを求めることは、つまり、「原点Oと点 $(1,2)$ までの距離を求める」ことに他ならない。よって、a=[1　2]の大きさの求め方は、先の距離を求める場合と同様、三平方の定理を使い、

$$\|a\|=\sqrt{1^2+2^2}=\sqrt{5}\quad \cdots\cdots\cdots\cdots\cdots\cdots\cdots\cdots\cdots \quad (6.3)$$

として求められる。ここで、$\|a\|$ は、ベクトル a の大きさ（ノルム）を示しており、ベクトルの左右に縦線を書くだけである。同様に、a=[1　2　3]

の場合は、

$$\|\boldsymbol{a}\| = \sqrt{1^2 + 2^2 + 3^2} = \sqrt{14} \quad \cdots\cdots\cdots\cdots\cdots\cdots\cdots\cdots\cdots \quad (6.4)$$

となる。なお、行ベクトルであろうと列ベクトルであろうと計算は同じである。一般的に、n 次元の行ベクトル $\boldsymbol{a}=[a_1 \quad a_2 \quad \cdots \quad a_n]$ および n 次元の列ベクトル

$$\boldsymbol{a}=[a_1 \quad a_2 \quad \cdots \quad a_n[\text{ および } n \text{ 次元の列ベクトル } \boldsymbol{a}=\begin{bmatrix} a_1 \\ a_2 \\ \vdots \\ a_n \end{bmatrix}$$

の大きさは、

$$\|\boldsymbol{a}\| = \sqrt{a_1^2 + a_2^2 + \cdots + a_n^2} \quad \cdots\cdots\cdots\cdots\cdots\cdots\cdots\cdots \quad (6.5)$$

として求められる。

　なお、ベクトルと対になる概念としてスカラーというものが存在する。ベクトルとスカラーの違いは、<u>**ベクトルは向きと大きさの両方を表せる**</u>が、<u>**スカラーは大きさのみ表すことができる**</u>（向きは表せない）、という点にある。例えば、「乗用車が30km/h の速さで東に進む」という表現はベクトル的な表現だが、「乗用車が30km/h の速さで進む」という表現はスカラー的な表現である。

6.2 　内積

　内積とは、ベクトルの「正射影」、つまり、上から光を当ててできた
ベクトルの「影」の長さと、スクリーンの長さをかけ合わせたものであ
る。図6-3のように、ベクトル a とベクトル b が互いに角度をなしてい
るとする。このとき、b の先端からベクトル a に垂線を下ろす。このと
き、a の始点から垂線の足までの長さが、b の正射影となる。ベクトル b
の大きさは $|b|$ であることと、a と b が互いに角度 θ をなしているこ
とから、ベクトル a の始点から垂線の足までの長さは、$\|b\|\cos\theta$ となる。
定義より、「内積とは、ベクトルの「正射影」、つまり、上から光を当て
てできたベクトルの「影」の長さと、スクリーンの長さをかけ合わせた
ものである」ので、a と b の内積を $a\cdot b$ と書くことにすると、

$$a\cdot b = \|a\|\|b\|\cos\theta \quad\cdots\cdots\cdots\cdots\cdots\cdots\cdots\cdots\cdots\cdots\quad (6.6)$$

と表すことができる。例えば高校数学の範囲では、内積それ自体を求め
るというよりは、2つのベクトルが与えられており、お互いになす角を
求める問題が多い印象である。実際、式（6.6）より、

$$\cos\theta = \frac{a\cdot b}{\|a\|\|b\|} \quad\cdots\cdots\cdots\cdots\cdots\cdots\cdots\cdots\cdots\cdots\quad (6.7)$$

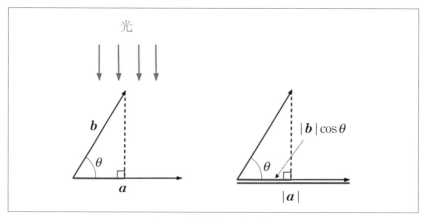

〔図6-3〕内積の考え方

と変形することで、$\cos\theta$ が得られ、これから θ を求めるという流れになる。

　なお、$\boldsymbol{a}=(a_1 \quad a_2 \quad \cdots \quad a_n), \boldsymbol{b}=(b_1 \quad b_2 \quad \cdots \quad b_n)$ のときは、

$$\boldsymbol{a}\cdot\boldsymbol{b}=a_1b_1+a_2b_2+\cdots a_nb_n=\sum_{i=1}^{n}a_ib_i \quad\cdots\cdots\cdots\cdots\cdots\cdots\cdots\quad(6.8)$$

として求めることができる。つまり、それぞれのベクトルの各成分を掛けて、全て足すことで内積を求めることができる。

　ちなみに、2次元の場合であるが、内積の式は、次のように導出される。

【証明】

　0でない2つのベクトル $\boldsymbol{a}$ と $\boldsymbol{b}$ に対して、1点 O を定め、$\boldsymbol{a}=\overline{\mathrm{OA}}$、$\boldsymbol{b}=\overline{\mathrm{OB}}$ となる点 A、B を取る。ここで、$\boldsymbol{a}=(a_1, a_2), \boldsymbol{b}=(b_1, b_2)$ とする。このとき、$\angle\mathrm{AOB}$ の大きさ θ が $0°\leq\theta\leq180°$のとき、$\triangle\mathrm{OAB}$ に余弦定理を適用すると、

$$\mathrm{AB}^2=\mathrm{OA}^2+\mathrm{OB}^2-2\mathrm{OA}\cdot\mathrm{OB}\cos\theta$$

$$\Leftrightarrow (b_1-a_1)^2+(b_2-a_2)^2=(a_1+a_2)^2+(b_1+b_2)^2-2\mathrm{OA}\cdot\mathrm{OB}\cos\theta$$

$$\Leftrightarrow -2(a_1b_1+a_2b_2)-2\mathrm{OA}\cdot\mathrm{OB}\cos\theta$$

いま、$a_1b_1+a_2b_2=\boldsymbol{a}\cdot\boldsymbol{b}$ と書くことにし、また、$\mathrm{OA}=\|\overline{\mathrm{OA}}\|=\|\boldsymbol{a}\|$, $\mathrm{OB}=\|\overline{\mathrm{OA}}\|=\|\boldsymbol{b}\|$ であるので、$\boldsymbol{a}\cdot\boldsymbol{b}=\|\boldsymbol{a}\|\|\boldsymbol{b}\|\cos\theta$ となる。

6.3　行列とは

　行列とは、数を長方形状に並べたものである。例えば、横に2個、縦に3個並べた場合であれば、行列Aは、例えば、

$$\mathbf{A}=\begin{bmatrix}1 & 2 \\ 3 & 4 \\ 5 & 6\end{bmatrix}$$ ･･ (6.9)

のように表される。行列を表すアルファベットは斜体やボールドタイプなど色々あるようだが、ボールドタイプで表すことが多い印象である。

　さて、このとき、数字の並びに関して、上から、第1行、第2行、... と呼び、左から、第1列、第2列、... と呼ぶ（図6-4）。

　そして、ある行列について、数が、縦に m 個、横に n 個並んでいるとき、この行列は m 行 n 列行列、(m, n) 形の行列、または $m \times n$ 行列と呼ぶ。$m \times n$ 行列と呼ぶことが多い印象である。上の例は、行の数が3、列の数が2なので、3行2列行列、$(3, 2)$ 形の行列、または 3×2 行列となる。

　また、$m \times n$ 行列において、第 i 行（i は1以上 m 以下の数）と、第 j 列（j は1以上 n 以下の数）の交差する所に存在する数字を、(i, j) 成分と呼ぶ。例えば、

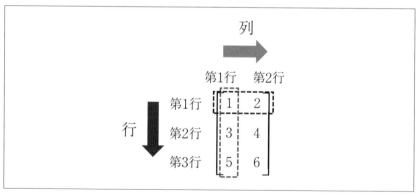

〔図6-4〕行と列の考え方[1]

$$\begin{bmatrix} a_{11} & a_{12} & \cdots & a_{1n} \\ a_{21} & a_{22} & \cdots & a_{2n} \\ \vdots & \vdots & \ddots & \vdots \\ a_{m1} & a_{m2} & \cdots & a_{mn} \end{bmatrix} \qquad \cdots\cdots\cdots\cdots\cdots\cdots\cdots\cdots\cdots\cdots (6.10)$$

のような $m \times n$ 行列を考える。なお、a のあとの添字は、左から順に、行番号と列番号を示す。例えば a_{11} は第 1 行と第 1 列の交差する所に存在する数字、a_{23} は第 2 行と第 2 列の交差する所に存在する数字である。このことから、(i, j) 成分は、a_{ij} となることは理解するにたやすいだろう。図 6-5 も参照して欲しい。

先の

$$\mathbf{A} = \begin{bmatrix} 1 & 2 \\ 3 & 4 \\ 5 & 6 \end{bmatrix}$$

の例では、$(1, 1)$ 成分は 1、$(1, 2)$ 成分は 2、$(2, 1)$ 成分は 3、$(2, 2)$ 成分は 4、$(3, 1)$ 成分は 5、$(3, 2)$ 成分は 6 である。

なお、$m \times n$ 行列において、$m = n$ となるとき、その行列を正方行列という。例えば 2×2 行列や 3×3 行列である。

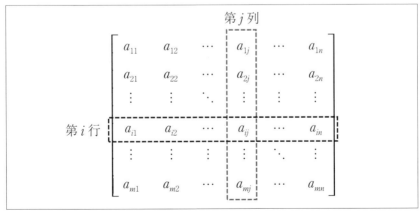

〔図 6-5〕行と列の考え方[2]

6.4　特殊な行列

　行列において、行の数と列の数が一致している行列（例えば$n×n$行列）を正方行列という。また、成分が全て0である行列を零行列といい、$\mathbf{O}$で表す。

　また、元の行列と、行と列を入れ替えたものを転置行列という。正方行列の場合は、転置行列は、対角線で成分を折り返したもの、と思っても良い。丁寧に書けば、m行n列の行列$\mathbf{A}$において、(i, j)成分と(j, i)成分を入れ替えたものが、$\mathbf{A}$の転置行列となる。$\mathbf{A}$の転置行列は$^t\mathbf{A}$, $\mathbf{A}^\mathrm{T}$, $\mathbf{A}'$など色々な書き方があるが、本書では$\mathbf{A}^\mathrm{T}$と書くことにする。

　例えば、

$$\mathbf{A} = \begin{bmatrix} 1 & 2 \\ 3 & 4 \\ 5 & 6 \end{bmatrix}$$

の転置行列について考える。この行列$\mathbf{A}$の成分を羅列すると、$(1, 1)$成分は1、$(1, 2)$成分は2、$(2, 1)$成分は3、$(2, 2)$成分は4、$(3, 1)$成分は5、$(3, 2)$成分は6である。これらの成分、$(○, ×)$の○と×を入れ替えるだけであるから、$\mathbf{A}$の転置行列は、$(1, 1)$成分は1、$(2, 1)$成分は2、$(1, 2)$成分は3、$(2, 2)$成分は4、$(1, 3)$成分は5、そして$(2, 3)$成分は6となる。これを行列に書き起こすと、

$$\mathbf{A}^\mathrm{T} = \begin{bmatrix} 1 & 3 & 5 \\ 2 & 4 & 6 \end{bmatrix} \quad \text{………………………………………} (6.11)$$

となる。

　なお、ベクトルについても転置行列を考えることができる（n次の行ベクトルは$n×1$の行列、列ベクトルは$1×n$の行列と考えられる）。先の例、

$$\boldsymbol{a} = \begin{bmatrix} 1 & 2 & 3 \end{bmatrix} \quad \text{………………………………………} (6.12)$$

で考えると、この行列$\boldsymbol{a}$($1×3$行列)は、$(1, 1)$成分が1、$(1, 2)$成分が2、$(1, 3)$成分が3であるから、$\boldsymbol{a}$の転置行列は、$(1, 1)$成分が1、$(2, 1)$成分が2、$(3, 1)$成分が3である行列となる。書き起こしてみると、

$$\boldsymbol{a}^{\mathrm{T}} = \begin{bmatrix} 1 \\ 2 \\ 3 \end{bmatrix}$$ ･･････････････････････････････････････ (6.13)

となることは容易に理解できよう。このことから、行ベクトルと列ベクトルは、互いに転置の関係にあることがわかる。

　また、$n \times n$ 正方行列において、$(1, 1), (2, 2), …, (n, n)$ 成分だけ数値が入っており、それ以外の成分はすべて 0 であるような行列を**対角行列**という。例えば、3×3 正方行列の場合、

$$\mathbf{A} = \begin{bmatrix} 1 & 0 & 0 \\ 0 & 2 & 0 \\ 0 & 0 & 3 \end{bmatrix}$$ ･･････････････････････････････ (6.14)

は対角行列である。

　特に、全ての対角成分が 1 であるとき、その行列を単位行列という。単位行列は $\mathbf{I}$ や $\mathbf{E}$ という文字を用いて表す。本書では $\mathbf{E}$ を用いることにする。例えば、2×2 の単位行列や 3×3 の単位行列は

$$\mathbf{E} = \begin{bmatrix} 1 & 0 \\ 0 & 1 \end{bmatrix}$$ ･･････････････････････････････････ (6.15)

$$\mathbf{E} = \begin{bmatrix} 1 & 0 & 0 \\ 0 & 1 & 0 \\ 0 & 0 & 1 \end{bmatrix}$$ ･･･････････････････････････ (6.16)

となる。

6.5　行列の基本演算

　行列もそれぞれを足す、引く、掛けることができるが、守らなければ
ならないルールがある。

　まずは加減（足す・引く）について説明する。2つの行列を足す・引
くときは、それぞれの行列が同じ形でなければならない。つまり、両方
の行列が、同じ行の数と列の数でなければならない、ということである。
例えば、

$$\begin{bmatrix} 1 & 2 & 3 \\ 4 & 5 & 6 \\ 7 & 8 & 9 \end{bmatrix} + \begin{bmatrix} 7 & 8 & 9 \\ 1 & 2 & 3 \\ 4 & 5 & 6 \end{bmatrix}$$

は計算できるが、

$$\begin{bmatrix} 1 & 2 & 3 \\ 4 & 5 & 6 \\ 7 & 8 & 9 \end{bmatrix} + \begin{bmatrix} 1 \\ 2 \\ 3 \end{bmatrix}$$

は計算できない、ということである。これは引き算も同じである。

　具体的な計算方法は非常に簡単であり、それぞれの行列のそれぞれの
成分を足し合わせる（引く）だけである。

　例えば、

$$\mathbf{A} = \begin{bmatrix} a_{11} & a_{12} \\ a_{21} & a_{22} \end{bmatrix}, \ \mathbf{B} = \begin{bmatrix} b_{11} & b_{12} \\ b_{21} & b_{22} \end{bmatrix}$$

であるとき、$\mathbf{A}+\mathbf{B}$ は、

$$\mathbf{A}+\mathbf{B} = \begin{bmatrix} a_{11} & a_{12} \\ a_{21} & a_{22} \end{bmatrix} + \begin{bmatrix} b_{11} & b_{12} \\ b_{21} & b_{22} \end{bmatrix} = \begin{bmatrix} a_{11}+b_{11} \\ a_{21}+b_{21} \end{bmatrix}\begin{bmatrix} a_{12}+b_{12} \\ a_{22}+b_{22} \end{bmatrix}$$

となる。一般的に、$\mathbf{A}=[a_{ij}], \mathbf{B}=[b_{ij}]$ のとき、$\mathbf{A}+\mathbf{B}=[a_{ij}+b_{ij}]$ となる。引き
算の場合はプラスをマイナスに置き換えれば良い。

　では掛け算の場合はどうであろうか。これは法則で覚えたほうが良い
だろう。まず前提として、2つの行列 $\mathbf{A}$ と $\mathbf{B}$ を考える。$\mathbf{A}$ と $\mathbf{B}$ を掛け
るときには、<u>$\mathbf{A}$ の列の数と、$\mathbf{B}$ の行の数が一致している必要があること</u>

を覚えておかねばならない。そして、**A**と**B**を掛けたときに得られる行列は、(**A**の行の数×**B**の列の数) という形になることにも注意されたい。例えば、**A**が2×3行列、**B**が3×3行列であるとき、**A**と**B**の掛け算は可能である。なぜなら、行列**A**は3列の行列で、行列**B**は3行の行列であり、一致しているためである。そして掛け算して得られる行列は2×3行列となる。なぜなら、行列**A**は2行の行列で、行列**B**は3列の行列だからである。一方で、**A**が2×3行列のままであるが、**B**が2×2行列だったとしよう。この場合は、**A**と**B**の掛け算はできない。なぜなら、行列**A**は3列の行列だが、行列**B**は2行の行列であり、一致していないためである。

　以上を頭に入れてから、具体的にはどのように掛け算をやるのか、計算の方法を説明する。例えば行列**A**が$l \times m$行列で、行列**B**が$m \times n$行列であるとしよう。当然、この場合は、行列**A**がm列の行列、行列**B**がm行の行列であるから、**A**と**B**の掛け算は可能である。そして得られる行列は$l \times n$行列となる。さて、具体的な計算方法だが、例えば、**A**と**B**の掛け算によって得られる行列において、(i,j) (ただし$i \leq l, j \leq n$) 成分の値を求めるときには、行列**A**のi行全ての数と、行列**B**のj行全ての数をそれぞれ掛けて足し合わせる、ということだけで良い (図6-6)。上の図を参考にすると、行列**A**と行列**B**を掛け合わせてできる行列の(i,j)成分は、行列**A**のi行目と、行列**B**のj行目の全部の成分をそれぞれ掛

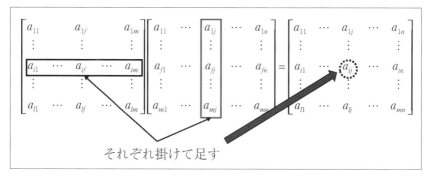

それぞれ掛けて足す

〔図6-6〕行列の積

け合わせて足すのだから、

$$a_{i1}a_{1j} + a_{i2}a_{2j} + \ldots + a_{if}a_{fj} + a_{1m}a_{mj}$$

という計算で得られる。

　なお、注意しなければならないのは、次の2点である。

(1) **A** と **B** を「掛ける」ときに、**A**×**B** という書き方はせず、**AB** と書く。

　　A×**B** は**外積**といい、全く違うものになる。

(2) 必ずしも **AB**=**BA** とは限らない（適当な行列を作って確かめてみよ）。

特に (2) は極めて重要である。例えば行列 **A** について、「行列 **B** を左から掛ける」場合、つまり **BA** と、「行列 **B** を右から掛ける」場合、つまり **AB** とでは、得られる結果が異なる。

　具体的な例で確かめてみると、

$$\mathbf{A} = \begin{bmatrix} 1 & 2 & 3 \\ 4 & 5 & 6 \\ 7 & 8 & 9 \end{bmatrix}, \quad \mathbf{B} = \begin{bmatrix} 7 & 8 & 9 \\ 1 & 2 & 3 \\ 4 & 5 & 6 \end{bmatrix}$$

としたときに、

$$\mathbf{AB} = \begin{bmatrix} 1 & 2 & 3 \\ 4 & 5 & 6 \\ 7 & 8 & 9 \end{bmatrix}\begin{bmatrix} 7 & 8 & 9 \\ 1 & 2 & 3 \\ 4 & 5 & 6 \end{bmatrix} = \begin{bmatrix} 1{\cdot}7{+}2{\cdot}1{+}3{\cdot}4 & 1{\cdot}8{+}2{\cdot}2{+}3{\cdot}5 & 1{\cdot}9{+}2{\cdot}3{+}3{\cdot}6 \\ 4{\cdot}7{+}5{\cdot}1{+}6{\cdot}4 & 4{\cdot}8{+}5{\cdot}2{+}6{\cdot}5 & 4{\cdot}9{+}5{\cdot}3{+}6{\cdot}6 \\ 7{\cdot}7{+}8{\cdot}1{+}9{\cdot}4 & 7{\cdot}8{+}8{\cdot}2{+}9{\cdot}5 & 7{\cdot}9{+}8{\cdot}3{+}9{\cdot}6 \end{bmatrix}$$

$$= \begin{bmatrix} 21 & 27 & 33 \\ 57 & 72 & 87 \\ 93 & 117 & 141 \end{bmatrix}$$

$$\mathbf{BA} = \begin{bmatrix} 7 & 8 & 9 \\ 1 & 2 & 3 \\ 4 & 5 & 6 \end{bmatrix}\begin{bmatrix} 1 & 2 & 3 \\ 4 & 5 & 6 \\ 7 & 8 & 9 \end{bmatrix} = \begin{bmatrix} 7{\cdot}1{+}8{\cdot}4{+}9{\cdot}7 & 7{\cdot}2{+}8{\cdot}5{+}9{\cdot}8 & 7{\cdot}3{+}8{\cdot}6{+}9{\cdot}9 \\ 1{\cdot}1{+}2{\cdot}4{+}3{\cdot}7 & 1{\cdot}2{+}2{\cdot}5{+}3{\cdot}8 & 1{\cdot}3{+}2{\cdot}6{+}3{\cdot}9 \\ 4{\cdot}1{+}5{\cdot}4{+}6{\cdot}7 & 4{\cdot}2{+}5{\cdot}5{+}6{\cdot}8 & 4{\cdot}3{+}5{\cdot}6{+}6{\cdot}9 \end{bmatrix}$$

$$= \begin{bmatrix} 102 & 126 & 150 \\ 30 & 36 & 42 \\ 66 & 81 & 96 \end{bmatrix}$$

となり、**AB**≠**BA** であることがわかる。間違える方が非常に多いのだが、

このように、可換則（文字を入れ替えても等号が成立すること）が必ずしも成り立たないのがスカラーの場合との大きな違いである。

　以上を踏まえると、同じ行列を掛け合わせて行列の「べき乗」を定義することができる。但し、行列は正方行列でなければならない。

$$\mathbf{AA}\cdots\mathbf{AA}\,(n\text{回掛けている})=\mathbf{A}^n \quad\cdots\cdots\cdots\cdots\cdots\cdots\quad (6.17)$$

　なお、先程「単位行列」について説明したが、任意の行列 $\mathbf{A}$ に単位行列を掛けても、行列は変わらず、$\mathbf{A}$ のままである。単位行列はスカラーの計算でいう「1」のような役割である。

$$\mathbf{EA}=\mathbf{AE}=\mathbf{A} \quad\cdots\cdots\cdots\cdots\cdots\cdots\cdots\cdots\cdots\cdots\cdots\cdots\quad (6.18)$$

　ちなみに、先程、必ずしも $\mathbf{AB}=\mathbf{BA}$ になるとは限らない、と述べたが、どちらかの行列が単位行列である場合は $\mathbf{AB}=\mathbf{BA}$ が成立する（確かめてみよ）。

　同様に、零行列については、任意の行列に掛けても零行列になる。これも、スカラーの計算でいう「0」のような役割である。

$$\mathbf{OA}=\mathbf{AO}=\mathbf{O} \quad\cdots\cdots\cdots\cdots\cdots\cdots\cdots\cdots\cdots\cdots\cdots\quad (6.19)$$

6.6　行列の性質

　以上を踏まえて、行列の性質として次のことが成立する。

(1) $\mathbf{A} + \mathbf{B} = \mathbf{B} + \mathbf{A}$（交換法則）

(2) $(\mathbf{A} + \mathbf{B}) + \mathbf{C} = \mathbf{A} + (\mathbf{B} + \mathbf{C})$（結合法則）

(3) $(\mathbf{AB})\mathbf{C} = \mathbf{A}(\mathbf{BC})$（結合法則）

(4) $\mathbf{A}(\mathbf{B} + \mathbf{C}) = \mathbf{AB} + \mathbf{AC}$（分配法則）

(5) $(\mathbf{A} + \mathbf{B})\mathbf{C} = \mathbf{AC} + \mathbf{BC}$（分配法則）

(6) $c(\mathbf{A} + \mathbf{B}) = c\mathbf{A} + c\mathbf{B}$（ただし c はスカラー）（分配法則）

(7) $(c_1 + c_2)\mathbf{A} = c_1\mathbf{A} + c_2\mathbf{A}$（ただし c_1, c_2）

(8) $\mathbf{A}^m\mathbf{A}^n = \mathbf{A}^{m+n}$（$m$ と n は整数）（指数法則）

(9) $(\mathbf{A}^m)^n = \mathbf{A}^{mn}$（指数法則）

　証明は省略するが、適当な行列を作成して計算してみると、正しいことはすぐに示せるはずである。

6.7 逆行列

　ある行列 $\mathbf{A}$ に対し、別の行列 $\mathbf{B}$ を掛けたとき、$\mathbf{AB}=\mathbf{E}$ となるような行列 $\mathbf{B}$ を逆行列といい、$\mathbf{B}=\mathbf{A}^{-1}$ と表す。従って、行列 $\mathbf{A}$ に対して、$\mathbf{A}^{-1}$ は $\mathbf{A}$ の逆行列である、ということになる。

　逆行列の求め方であるが、それほど難しくない。一般的には 2×2 行列と 3×3 行列を求めることが多い。まず、2×2 行列 $\mathbf{A}$ を

$$\mathbf{A}=\begin{bmatrix} a & b \\ c & d \end{bmatrix}$$

とする。このとき、

$$\det\mathbf{A}=\begin{vmatrix} a & b \\ c & d \end{vmatrix}=ad-bc \quad \cdots\cdots\cdots\cdots\cdots\cdots\cdots\cdots \text{(6.20)}$$

と定義する。この $\det\mathbf{A}$ は **行列式** と呼ばれる。$|\mathbf{A}|$ という書き方もするが、本書では $\det\mathbf{A}$ と書く。なお det は determinant（行列式）の略である。ベクトルでも「大きさ」があると述べたように、行列式は、行列の「大きさ」を表すようなものである。2×2 行列の行列式は「たすき掛け」的に求められる（図 6-7 参照）。

このとき、2×2 行列 $\mathbf{A}$ の逆行列 $\mathbf{A}^{-1}$ は、

$$\mathbf{A}^{-1}=\frac{1}{\det\mathbf{A}}\begin{bmatrix} d & -b \\ -c & a \end{bmatrix} \quad \cdots\cdots\cdots\cdots\cdots\cdots\cdots\cdots \text{(6.21)}$$

で表される。上の $\mathbf{A}^{-1}$ と、元々の $\mathbf{A}$ を掛けたときに、その値が $\mathbf{E}$ になることを確認されたい。

　次に、3×3 行列の場合について説明する。3×3 行列 $\mathbf{A}$ を

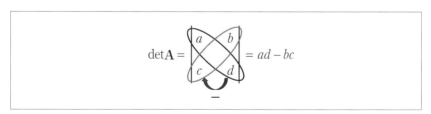

〔図6-7〕行列式の計算方法

$$\mathbf{A} = \begin{bmatrix} a & b & c \\ d & e & f \\ g & h & i \end{bmatrix}$$

とする。このとき、行列式 $\det\mathbf{A}$ は、

$$\det\mathbf{A} = \begin{vmatrix} a & b & c \\ d & e & f \\ g & h & i \end{vmatrix} = aei + bfg + cdh - ceg - afh - bdi \quad \cdots\cdots (6.22)$$

となる。3×3 行列の行列式は「サラスの公式」と呼ばれる公式を用いて求められる（図 6-8 参照）。

これを踏まえて、3×3 行列 $\mathbf{A}$ の逆行列 $\mathbf{A}^{-1}$ は、かなり面倒臭い式であるが、次のようになる。

$$\mathbf{A}^{-1} = \frac{1}{\det\mathbf{A}} \begin{bmatrix} \begin{vmatrix} e & f \\ h & i \end{vmatrix} & -\begin{vmatrix} b & c \\ h & i \end{vmatrix} & \begin{vmatrix} b & c \\ e & f \end{vmatrix} \\ -\begin{vmatrix} d & f \\ g & i \end{vmatrix} & \begin{vmatrix} a & c \\ g & i \end{vmatrix} & -\begin{vmatrix} a & c \\ d & f \end{vmatrix} \\ \begin{vmatrix} d & e \\ g & h \end{vmatrix} & -\begin{vmatrix} a & b \\ g & h \end{vmatrix} & \begin{vmatrix} a & b \\ d & e \end{vmatrix} \end{bmatrix} \quad \cdots\cdots\cdots\cdots (6.23)$$

ここでは「このような感じになる」程度の話に留めるので、詳しい証明・導出過程は線形代数の参考書などを参照されたい。

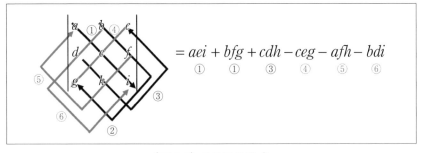

〔図 6-8〕サラスの公式

6.8 固有値と固有ベクトル

逆行列を持つ（正則であるという）$n \times n$ 行列 $\mathbf{A}(\neq \mathbf{O})$ に対して、

$$\mathbf{A}\boldsymbol{x} = \lambda \boldsymbol{x} \quad \cdots\cdots\cdots\cdots\cdots\cdots\cdots\cdots\cdots\cdots\cdots \quad (6.24)$$

を満たす λ（$\neq 0$ であるスカラー）を固有値、ベクトル $\boldsymbol{x}(\neq \mathbf{O})$ を固有ベクトルという。固有値、固有ベクトルを求める手順は割と単純であるので、常に次に示す流れに沿って求めれば良い。

まず、

$$\mathbf{A}\boldsymbol{x} = \lambda \boldsymbol{x} \Leftrightarrow (\mathbf{A} - \lambda \mathbf{E})\boldsymbol{x} = \mathbf{O} \quad \cdots\cdots\cdots\cdots\cdots\cdots\cdots \quad (6.25)$$

と表すことができる。いま、$\mathbf{A}$ が正則ならば、任意の $\mathbf{b}$ に対して $\mathbf{A}\boldsymbol{x} = \mathbf{b}$ の解がただ 1 つに決まり、$\boldsymbol{x} = \mathbf{A}^{-1}\mathbf{b}$ となる。このことから式 (6.25) において、ベクトル $\boldsymbol{x}$ は解（$\neq \mathbf{O}$）を持つので、$(\mathbf{A} - \lambda \mathbf{E})$ は逆行列を持たないことになる。逆行列を持たないということは、前節を参考にして（2×2 行列も、3×3 行列も、ともに $\det\mathbf{A}$ が分母にあることから類推すれば良い）、$\det\mathbf{A} = 0$ となれば良いので、

$$\det(\mathbf{A} - \lambda \mathbf{E}) = 0 \quad \cdots\cdots\cdots\cdots\cdots\cdots\cdots\cdots\cdots\cdots \quad (6.26)$$

となれば、行列 $\mathbf{A}$ は固有ベクトルを持つことになる。この $\det(\mathbf{A} - \lambda \mathbf{E}) = 0$ を**特性方程式**という（固有方程式とも呼ぶ）。

「固有値・固有ベクトル」を求める問題を解くにあたっては、まずは特性方程式を解くこと、つまり、まずは λ を求めることになる。ちなみに、$\mathbf{A}$ が n 次正方行列であるとき、特性方程式は n 次の方程式になるので、λ の個数も、重解や虚数解を含めると、n 個得られることになる。

λ が求まった、つまり、「固有値が得られた」となれば、次にやることは、ベクトル $\boldsymbol{x}$ を求めること、つまり、「固有ベクトルを求める」こととなる。固有ベクトル $\boldsymbol{x}$ の求め方は簡単であり、元々、$(\mathbf{A} - \lambda \mathbf{E})\boldsymbol{x} = \mathbf{O}$ となる $\boldsymbol{x}$ が固有ベクトルであり、固有値である λ は特性方程式を解いて得られたわけだから、$(\mathbf{A} - \lambda \mathbf{E})\boldsymbol{x} = \mathbf{O}$ に得られた λ を代入して、そこから $\boldsymbol{x}$ を求めれば良いこととなる。ちなみに、先程、$\mathbf{A}$ が n 次正方行列であ

るとき、λ も n 個得られると書いたが、このことから、$(\mathbf{A}-\lambda\mathbf{E})\boldsymbol{x}=\mathbf{O}$ に得られた λ を代入して得られる式も n 個となる。ゆえに、$\boldsymbol{x}$ も、高々 n 個得られることとなる。

例として、

$$\mathbf{A}=\begin{bmatrix} 3 & 5 \\ 4 & 2 \end{bmatrix}$$

としたときの固有値と固有ベクトルを求めてみよう。基本的に、手順は、
①特性方程式を作り、固有値 λ を求める。
②①で得られた λ を、$(\mathbf{A}-\lambda\mathbf{E})\boldsymbol{x}=\mathbf{O}$ に代入し、固有ベクトル $\boldsymbol{x}$ を求める。
の流れである。この流れに沿って、

$$\mathbf{A}=\begin{bmatrix} 3 & 5 \\ 4 & 2 \end{bmatrix}$$

として計算してみよう。
①特性方程式を作り、固有値 λ を求める。

$$\det(\mathbf{A}-\lambda\mathbf{E})=\begin{pmatrix} 3-\lambda & 5 \\ 4 & 2-\lambda \end{pmatrix}=(3-\lambda)(2-\lambda)-5\cdot4=6-5\lambda+\lambda^2-20$$

$$=\lambda^2-5\lambda-14=(\lambda-7)(\lambda+2)=0$$

よって、$\lambda=-2,7$

②①で得られた λ を、$(\mathbf{A}-\lambda\mathbf{E})\boldsymbol{x}=\mathbf{O}$ に代入し、固有ベクトル $\boldsymbol{x}$ を求める。
①で λ は2個得られたので、それぞれの場合について検討する。
＜ $\lambda=-2$ の場合＞

$$(\mathbf{A}-\lambda\mathbf{E})\,\boldsymbol{x}=\mathbf{O}\Leftrightarrow\left(\begin{bmatrix} 3 & 5 \\ 4 & 2 \end{bmatrix}-\lambda\begin{bmatrix} 1 & 0 \\ 0 & 1 \end{bmatrix}\right)\boldsymbol{x}=\mathbf{O}$$

ここで、

$$\boldsymbol{x}=\begin{bmatrix} x_1 \\ x_2 \end{bmatrix}$$

とすると、

$$\left(\begin{bmatrix} 3 & 5 \\ 4 & 2 \end{bmatrix} - (-2) \begin{bmatrix} 1 & 0 \\ 0 & 1 \end{bmatrix} \right) \boldsymbol{x} = \boldsymbol{O} \Leftrightarrow \begin{bmatrix} 3-(-2) & 5 \\ 4 & 2-(-2) \end{bmatrix} \begin{bmatrix} x_1 \\ x_2 \end{bmatrix}$$

$$= \begin{bmatrix} 0 \\ 0 \end{bmatrix} \Leftrightarrow \begin{bmatrix} 5x_1 + 5x_2 \\ 4x_1 + 4x_2 \end{bmatrix} = \begin{bmatrix} 0 \\ 0 \end{bmatrix}$$

従って、連立方程式

$$\begin{cases} 5x_1 + 5x_2 & = & 0 \\ 4x_1 + 4x_2 & = & 0 \end{cases}$$

を解けば良い。しかし、これらの式は、両方とも、

$$x_1 + x_2 = 0$$

となるため、例えば、$x_1 = C_1, x_2 = -C_1$（C_1 は任意の定数）とすれば良い。
＜ $\lambda = 7$ の場合＞

$$(\mathbf{A} - \lambda \mathbf{E}) \boldsymbol{x} = \boldsymbol{O} \Leftrightarrow \left(\begin{bmatrix} 3 & 5 \\ 4 & 2 \end{bmatrix} - \lambda \begin{bmatrix} 1 & 0 \\ 0 & 1 \end{bmatrix} \right) \boldsymbol{x} = \boldsymbol{O}$$

ここで、

$$\boldsymbol{x} = \begin{bmatrix} x_1 \\ x_2 \end{bmatrix}$$

とすると、

$$\left(\begin{bmatrix} 3 & 5 \\ 4 & 2 \end{bmatrix} - 7 \begin{bmatrix} 1 & 0 \\ 0 & 1 \end{bmatrix} \right) \boldsymbol{x} = \boldsymbol{O} \Leftrightarrow \begin{bmatrix} 3-7 & 5 \\ 4 & 2-7 \end{bmatrix} \begin{bmatrix} x_1 \\ x_2 \end{bmatrix} = \begin{bmatrix} 0 \\ 0 \end{bmatrix} \Leftrightarrow \begin{bmatrix} -4x_1 + 5x_2 \\ 4x_1 - 5x_2 \end{bmatrix} = \begin{bmatrix} 0 \\ 0 \end{bmatrix}$$

従って、連立方程式

$$\begin{cases} -4x_1 + 5x_2 & = & 0 \\ 4x_1 - 5x_2 & = & 0 \end{cases}$$

を解けば良い。しかし、これらの式は、両方とも、

$$-4x_1 + 5x_2 = 0$$

となるため、例えば、$x_1 = 5C_2, x_2 = 4C_2$（C_2 は任意の定数）とすれば良い。
以上をまとめると、求める固有値および固有ベクトルは、

固有値 $\lambda = -2$ のとき、固有ベクトル $\boldsymbol{x} = C_1 \begin{bmatrix} 1 \\ -1 \end{bmatrix}$

固有値 $\lambda = 7$ のとき、固有ベクトル $\boldsymbol{x} = C_2 \begin{bmatrix} 5 \\ 4 \end{bmatrix}$

となる。但し、C_1, C_2 は任意の定数である。

6.9　行列の対角化

A を $n×n$ 行列とし、A の固有値と固有ベクトルを $λ_i$, $x_i(i=1, 2, ···, n)$ とする。固有値、固有ベクトルの計算方法は前節で説明した通りである。このとき、下記の流れで、行列 A を対角化することができる[1]。

1. 行列 A の、n 個の固有ベクトルが全て線形独立（それぞれが他のベクトルの定数倍の和（線形結合という）で表すことができないという意味）のとき、A は**対角化可能**という。
2. 対角化に用いる行列として、固有ベクトルを並べた行列 $P=(x_1, x_2, ···, x_n)$ が使える。
3. 得られる対角行列 D の対角成分は A の固有値である。

【証明】

A の固有ベクトル $x_i(i=1, 2, ···, n)$ が線形独立なとき、行列 $P=(x_1, x_2, ···, x_n)$ は正則であり、P^{-1} が存在する。このとき、$P^{-1}AP$ を計算する。

まず、固有値、固有ベクトルの定義より、

$$AP = A(x_1, x_2, ···, x_n)=(Ax_1, Ax_2, ···, Ax_n)=(λ_1 x_1, λ_2 x_2, ···, λ_n x_n)$$

であり、また、P^{-1} の第 i 行目を y_i とおくと、

$$P^{-1}=\begin{bmatrix} y_1 \\ y_2 \\ \vdots \\ y_n \end{bmatrix}$$

であり、逆行列の定義より、内積 $y_i x_i$ は i と j が等しいとき 1、それ以外のとき 0 をとる。

したがって、

$$P^{-1}AP=\begin{bmatrix} y_1 \\ y_2 \\ \vdots \\ y_n \end{bmatrix}\begin{bmatrix} λ_1 x_1 & λ_2 x_2 & ··· & λ_n x_n \end{bmatrix}= D$$

となる。ここで、$\mathbf{D}$ は、(i, i) 成分が λ_i である対角行列である。

例として、先に取り上げた

$$\mathbf{A} = \begin{bmatrix} 3 & 5 \\ 4 & 2 \end{bmatrix}$$

を対角化してみよう。

前節の問題から、

$$\mathbf{A} = \begin{bmatrix} 3 & 5 \\ 4 & 2 \end{bmatrix}$$

の固有値と固有ベクトルは、

固有値 $\lambda = -2$ のとき、固有ベクトル $\boldsymbol{x} = C_1 \begin{bmatrix} 1 \\ -1 \end{bmatrix}$

固有値 $\lambda = 7$ のとき、固有ベクトル $\boldsymbol{x} = C_2 \begin{bmatrix} 5 \\ 4 \end{bmatrix}$

である。ここで、簡単のため、$C_1 = C_2 = 1$ とすると、

固有値 $\lambda = -2$ のとき、固有ベクトル $\boldsymbol{x} = \begin{bmatrix} 1 \\ -1 \end{bmatrix}$

固有値 $\lambda = 7$ のとき、固有ベクトル $\boldsymbol{x} = \begin{bmatrix} 5 \\ 4 \end{bmatrix}$

となる。

いま、

$$\mathbf{P} = \begin{bmatrix} 1 & 5 \\ -1 & 4 \end{bmatrix}, \ \mathbf{D} = \begin{bmatrix} -2 & 0 \\ 0 & 7 \end{bmatrix}$$

とすると、$\mathbf{P}^{-1}\mathbf{AP} = \mathbf{D}$ となる。実際に計算して確かめてみると。

$$\mathbf{P}^{-1} = \frac{1}{1 \cdot 4 - 5 \cdot (-1)} \begin{bmatrix} 4 & -5 \\ 1 & 1 \end{bmatrix} = \frac{1}{9} \begin{bmatrix} 4 & -5 \\ 1 & 1 \end{bmatrix}$$

となるので、

$$\mathbf{P}^{-1}\mathbf{AP} = \frac{1}{9}\begin{bmatrix} 4 & -5 \\ 1 & 1 \end{bmatrix}\begin{bmatrix} 3 & 5 \\ 4 & 2 \end{bmatrix}\begin{bmatrix} 1 & 5 \\ -1 & 4 \end{bmatrix} = \frac{1}{9}\begin{bmatrix} -8 & 10 \\ 7 & 7 \end{bmatrix}\begin{bmatrix} 1 & 5 \\ -1 & 4 \end{bmatrix}$$

$$= \frac{1}{9}\begin{bmatrix} -18 & 0 \\ 0 & 63 \end{bmatrix} = \begin{bmatrix} -2 & 0 \\ 0 & 7 \end{bmatrix} = \mathbf{D}$$

となり、確かに、$\mathbf{P}^{-1}\mathbf{AP} = \mathbf{D}$ となる。

6.10　本章のまとめ

　ここでは、線形代数の基本について学んだ。直接 AI のプログラミングで用いるわけではないが、AI のプログラミングでは、データセットは行列形式で扱われることが多い。行列形式であるデータセットを扱うにあたっては、ここで述べた線形代数の知識が前提となっていることが多い。従って、ここで述べた程度の事柄を把握しておけば、データセットの扱い方は比較的理解しやすくなると思われる。

　補足しておくと、ここで述べた内容はあくまでも最低限必要になると考えられる知識のみであり、線形代数と呼ばれる内容全体を網羅しているわけではなない。従って、AI を学ぶにあたっての必要性ということを度外視して、更に学びたいという意欲がある場合は、線形代数の参考書を別途参照して頂きたい。

参考文献

(1) 高校数学の美しい物語,

　　https://mathtrain.jp/diagonalization

　　（最終アクセス日：2019 年 9 月 30 日）

第7章

重回帰分析とは

重回帰分析とは教師あり学習の手法の一つである。学生時代では「最小二乗法」などで学んだ方もおられるかと思うが、基本的には同じものである。与えられたデータを基にして未知のデータを予測・制御するために用いられる手法であり、モデリング手法の一種である。機械学習の一つであるため、本章でも取り上げるが、モデリングの過程についても注目したい。つまり、「実測値と、モデルによる推定値の差の二乗」という考え方が、例えばニューラルネットワークやディープラーニングにおける評価関数を検討するにあたっての考え方と同じである、ということを理解することも重要であろう。

7.1　相関とは

　教師あり学習の手法の一つとして「重回帰分析」がある。第1章で述べた一般化線形モデルにおいて、誤差構造が正規分布であるものを指す。

　まず、重回帰分析を説明する前に、相関について説明する、なぜこのような回りくどい説明をするかと言うと、相関を説明してから重回帰分析を説明する方が、データの関係を把握するには都合が良いためである。

　例えば、表のように、2つのデータがあったとする。この表について、xとyの関係を可視化してみよう（つまり、散布図を作ってみる、ということである）。

　「何となく」であるが、xの値が大きくなればなる程、yの値も大きくなるように思われる。しかも、その傾向は、直線的であるように思われる。

　一般的には、2つのデータの間には、一方が増加するとそれに伴ってもう一方も増加するという場合や、逆に、一方が増加するともう一方も減少する、という場合がある。つまり、一方のデータの増加に合わせてもう一方のデータも変化する、という場合である。このとき、2つのデータには「相関がある」もしくは「相関関係がある」と言う。逆に、一方が増加する傾向であっても、もう一方は何の傾向も無いような場合を、「相関がない」または「相関関係がない」と言う。

7．2　相関係数の意味

　では、「相関がある」「相関がない」と言うざっくりとした言い方（定性的な言い方）ではなく、相関の大きさを、数値として（定量的に）示すことができないだろうか。そこで、「相関がどの程度あるか」を定量的に示すための指標、判断の基準として、相関係数を導入する。相関係数は r で示し、$0 \leqq r \leqq 1$ の値で表される。例えば $r = 0.\bigcirc\bigcirc$ のような値で表現することで、2つのデータについて「相関がある（相関関係がある）」もしくは「相関がない（相関関係がない）」度合い、つまり、2つのデータ間の関係性の強さを示している。

　相関係数は次の式に基づいて得られる。

$$r = \frac{s_{xy}}{s_{xx}s_{yy}} \quad\cdots\cdots\cdots\cdots\cdots\cdots\cdots\cdots\cdots\cdots\cdots\cdots\cdots\cdots \quad (7.1)$$

ただし、分母の s_{xx} はデータ x の分散、s_{yy} はデータ y の分散を表しており、それぞれ、

$$s_{xx} = \sqrt{\frac{1}{N}\sum_{i=1}^{N}\left(x_i - \bar{x}\right)^2} \quad\cdots\cdots\cdots\cdots\cdots\cdots\cdots\cdots\cdots\cdots \quad (7.2)$$

$$s_{yy} = \sqrt{\frac{1}{N}\sum_{i=1}^{N}\left(y_i - \bar{y}\right)^2} \quad\cdots\cdots\cdots\cdots\cdots\cdots\cdots\cdots\cdots\cdots \quad (7.3)$$

で表される。また、分子の s_{xy} はデータ x およびデータ y の共分散であり、

$$s_{xy} = \frac{1}{N}\sum_{i=1}^{N}\left(x_i - \bar{x}\right)\left(y_i - \bar{y}\right) \quad\cdots\cdots\cdots\cdots\cdots\cdots\cdots\cdots \quad (7.4)$$

で表される。したがって、相関係数の式は、

$$r = \frac{\dfrac{1}{N}\sum_{i=1}^{N}\left(x_i - \bar{x}\right)\left(y_i - \bar{y}\right)}{\sqrt{\dfrac{1}{N}\sum_{i=1}^{N}\left(x_i - \bar{x}\right)^2}\sqrt{\dfrac{1}{N}\sum_{i=1}^{N}\left(y_i - \bar{y}\right)^2}} \quad\cdots\cdots\cdots\cdots\cdots\cdots \quad (7.5)$$

となる。ここで、$\bar{x}$、$\bar{y}$ はデータ x_i および $y_i (i = 1, 2, \cdots, N)$ の平均を示して

いる。この相関係数の意味について紐解く。

　まず、分子の $(x_i-\bar{x})(y_i-\bar{y})$ に着目する。$(x_i-\bar{x})$ は x 方向の偏差、$(y_i-\bar{y})$ は y 方向の偏差を表している。では、次の図 7.1 を参照しよう。

　この図において、右上の部分（「x 軸方向の偏差が正」で「y 軸方向の偏差が正」）と左下の部分（「x 軸方向の偏差が負」で「y 軸方向の偏差が負」）は、共に「x 軸方向の偏差」と「y 軸方向の偏差」の積が正になる。この「右上の部分」と「左下の部分」の両方が、積が正になる領域であることから、右上がりの分布の相関係数は正になるということになる。同様の考え方から、右下がりの分布の相関係数は負になるというわけである。

　ここまでの話は式 (7.1) における分子、つまり共分散の話であり、共分散だけでは、相関係数の正負だけしか判断できない。言い換えれば、正の相関か、負の相関か、という議論しかできない。そのため、うまくデータを−1 から 1 の間に収まるようにするように、共分散の値を、x 方向および y 方向の標準偏差の積で割ることで補正し、相関の強さを評価できるようにしている。なお、相関係数の絶対値が 1 以下である、つまり、相関係数が−1 から 1 の間に収まっていることは、コーシー・シ

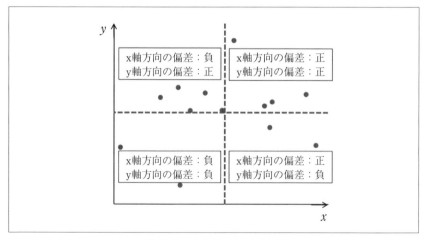

〔図 7-1〕xy 平面における偏差

ュヴァルツの不等式を用いて証明する。

コーシー・シュヴァルツの不等式より、

$$\left(\sum_{i=1}^{N}a_i^2\right)\left(\sum_{i=1}^{N}b_i^2\right) \geq \left(\sum_{i=1}^{N}a_ib_i\right)^2 \quad \dots\dots\dots\dots\dots\dots\dots\dots\dots \quad (7.6)$$

となる。コーシー・シュヴァルツの不等式において、a_i に $x_i-\overline{x}$ を、b_i に $y_i-\overline{y}$ を代入すると、

$$\left(\sqrt{\frac{1}{N}\sum_{i=1}^{N}\left(x_i-\overline{x}\right)^2}\right)^2\left(\sqrt{\frac{1}{N}\sum_{i=1}^{N}\left(y_i-\overline{y}\right)^2}\right)^2 \geq \left(\frac{1}{N}\sum_{i=1}^{N}\left(x_i-\overline{x}\right)\left(y_i-\overline{y}\right)\right)^2 \quad (7.7)$$

従って、

$$\left(\sqrt{\frac{1}{N}\sum_{i=1}^{N}\left(x_i-\overline{x}\right)^2}\right)^2\left(\sqrt{\frac{1}{N}\sum_{i=1}^{N}\left(y_i-\overline{y}\right)^2}\right)^2$$

で両辺を割ると、

$$1 \geq \left(\frac{\frac{1}{N}\sum_{i=1}^{N}\left(x_i-\overline{x}\right)\left(y_i-\overline{y}\right)}{\sqrt{\frac{1}{N}\sum_{i=1}^{N}\left(x_i-\overline{x}\right)^2}\sqrt{\frac{1}{N}\sum_{i=1}^{N}\left(y_i-\overline{y}\right)^2}}\right)^2 = r^2 \quad \dots\dots\dots\dots\dots \quad (7.8)$$

となり、相関係数の絶対値が 1 以下であることが示された。

なお、コーシー・シュヴァルツの不等式の等号成立条件は、全ての に対して $x_i-\overline{x}:y_i-\overline{y}$ の比が一定となることである。いま、$x_i-\overline{x}:y_i-\overline{y}=1:k$ とすると、$y_i=k(x_i-\overline{x})+\overline{y}$ となる場合が等号成立条件となる。コーシー・シュヴァルツの不等式の等号成立ということは、つまり、

$$r^2 = \left(\frac{\frac{1}{N}\sum_{i=1}^{N}\left(x_i-\overline{x}\right)\left(y_i-\overline{y}\right)}{\sqrt{\frac{1}{N}\sum_{i=1}^{N}\left(x_i-\overline{x}\right)^2}\sqrt{\frac{1}{N}\sum_{i=1}^{N}\left(y_i-\overline{y}\right)^2}}\right)^2 = 1 \quad \dots\dots\dots\dots\dots \quad (7.9)$$

であり、すなわち、

$$r=\pm 1$$

であることを意味する。従って、先の、コーシー・シュヴァルツの不等式の等号成立条件から、x_i および $y_i (i=1, 2, \cdots, N)$ が全て同一直線上に乗っている場合、$r=\pm 1$ になることがわかる。

　相関には、「正の相関」と「負の相関」の2種類がある。「一方が増加するとそれにあわせてもう一方も増加する」場合を「正の相関」と呼び、逆に、「一方が増加するとそれにあわせてもう一方は減少する」場合を「負の相関」と呼ぶ。例えば、図7.2の場合、(a) のような状況を「正の相関がある」と呼び、(b) のような場合を「負の相関がある」と呼ぶ。

　また、相関係数の大小によって、表7.1のような表現をする。しかし、分野によって多少の違いはあるようである。一般的には $r \geqq 0.6$ となれば「相関がある」と言っているようである。

　さて、相関係数については、少しだけ注意すべきことを述べておく。例えば図7.3 (a) のような場合は、2つだけ「外れ値」がある。この「外れ値」が影響して、相関係数が必要以上に大きくなってしまうことがある。実際にはもっと「ボヤッとした関係」であるにもかかわらず、外れ

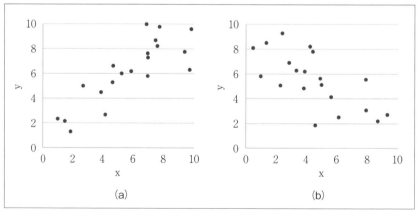

〔図7-2〕(a) 正の相関と (b) 負の相関の例

値の影響で、そのような関係性が無視されてしまう。図7.3 (b) の場合は、実は図7.4 (b) のように、△と○は違ったグループのデータであるとする。例えば、△は男性高齢者のデータ、○は女性若年者のデータであったとする。このように、明らかに特徴、性質が異なるグループをひとまとめにして考えると、あたかも相関があるように見える。しかし、△毎、○毎というように、それぞれのグループだけで考えると、本当は相関が無い可能性もある。このように、異なる特徴、性質のデータをまとめて考えてしまうと、見かけ上は相関があるように見える、ということがある。

　したがって、思った以上に相関係数が大きくなった場合は、このようなことを疑ってみる必要がある。外れ値があり、明らかな測定ミスが疑われれば、そのデータを外し、もう一度相関係数を求めてみたり、様々な属性のデータ（性別、年齢など）が混在していないか、などをよく精

〔表 7.1〕相関係数の大小による表現の違い

相関係数 r	相関の強さ
$0.7 \leqq r \leqq 1.0$	強い正の相関
$0.4 \leqq r \leqq 0.7$	正の相関
$0.2 \leqq r \leqq 0.4$	弱い正の相関
$-0.2 \leqq r \leqq -0.2$	ほとんど相関がない
$-0.4 \leqq r \leqq -0.2$	弱い負の相関
$-0.7 \leqq r \leqq -0.4$	負の相関
$-1.0 \leqq r \leqq -0.7$	強い負の相関

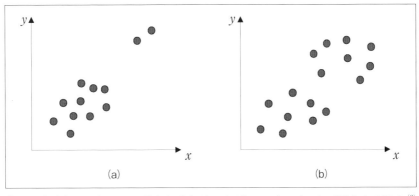

〔図 7-3〕(a) 外れ値のある場合と (b) 違ったグループのデータが混在する場合 [2]

査し、もし混在しているのであれば、属性ごとに改めて相関係数を求めてみる、など、状況に応じて臨機応変に対応する必要がある（図7.4）。

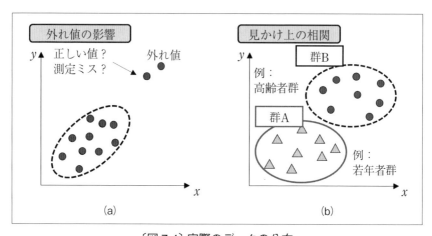

〔図7-4〕実際のデータの分布
（a）外れ値のある場合、（b）違ったグループのデータが混在する場合[(2)]

7.3 重回帰分析

　前節では、散布図から、何となく、2つのデータ (x と y) は関係がありそうだ、ということを定性的に感じたと思う。そして、その「関係がありそうだ」という感覚を、定量的な評価とするために、相関係数という考え方を導入した。

　ここで、仮に、ある x の値が決まれば、y の値も自動的に決まる、というようにできれば、例えば、データとして取得できなかった x を決めることによって、未知の y の値を推定することができるだろう。逆に、所望の y の値を満たすためには、適切な x の値はいくらにすれば良いか、把握できるだろう。しかし、散布図のままでは、同じ x の値（もしくはその付近の値）でも、y の値にばらつきがあるため、一意に y の値が定まらない。そのため、「ある x の値に対して、ばらつきのある y の値について何らかの代表値が定まれば良いのではないか」とい考えに至るのは、決して不自然なことではない。例えば、中学の数学で学んだ、1次関数 $y = ax + b$ を使うとどうだろうか。もし、先の散布図が、簡単に、1次関数 $y = ax + b$ で表されるとすると、ある x の値に対して y は一意に定まるので、先のような所望の y の値などが得られるということになる。

　このように、ある変量を用いて、別の変量を表す一次関数の式を求める手法を、重回帰分析という。ここで、推定したい変数（ここでは y）を目的変数といい、目的変数を説明する変数（ここでは x）を説明変数という。目的変数に対して説明変数が一つである場合を単回帰分析といい、二つ以上である場合を重回帰分析という。重回帰分析によって次のことが可能となる[1]。

1. 因果関係が想像される2つの変数間の関係を調べる（因果関係の証明）
2. 売上高と宣伝費の関係が分かっていれば、目標とする売上高に対して宣伝費を決定する（制御）
3. 人口と商店数の関係が分かっていれば、ある市の人口からその市の商店数を予測する（予測）

さて、この重回帰分析がなぜ「教師あり学習」なのだろうか。このことを理解するために、データ $(x_1, y_1), (x_2, y_2), \cdots, (x_n, y_n)$ があったとき、この

データについて重回帰分析を適用した場合、どのようにして回帰式を求められるか、流れを把握することにしよう。図7-5のように、「仮に得られた回帰式」が、$y=ax+b$で表されているとしよう。いま、aとbは任意の定数であるが、a（直線の傾き）とb（直線の切片）をうまく決めてやれば、$y=ax+b$が、「データを最もよく表している直線である」と言っても差し支えないことになる。では、「どのようにaとbを決めるか」ということが直近の問題となる。

　図7-5において、灰色の点は実際のデータ（観測値）であるとしよう。このとき、直線$y=ax+b$と、灰色の点の「隙間」に着目する。この「隙間」は、実際のデータ（観測値）と、「仮に得られた回帰式」とのズレであると考えることができる。この「ズレ」が、全てのデータ（観測値）に対して最小となるようにすれな、「仮に得られた回帰式」は、「データを最もよく表している直線である」ということができる。

　いま、1番目のデータ(x_1, y_1)について考える。このデータと、「仮に得られた回帰式」とのズレは、図7-5を参照すると、次のように表される。

$$y_1 - (ax_1 + b)$$

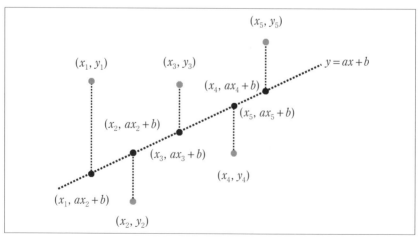

〔図7-5〕実際のデータと，データをよく表している直線の関係

しかし、この式では都合が悪い。何故かというと、ズレというものは正の値を取るべきである。この式は、「仮に得られた回帰式」より、データ (x_1, y_1) が上に位置している状況を想定している。もし、「仮に得られた回帰式」より、データ (x_1, y_1) が下に位置している場合、この式の値は負になってしまう。

であれば、「仮に得られた回帰式」と、データの位置関係を見た上で、もし、ズレが負になったのであれば、マイナス倍して正値にする、という工夫は間違いではない。一方で、データが少なければそれで良いかも知れないが、データが膨大になると、一々やっていられない。そのため、少し工夫をして、次のような式を、データと「仮に得られた回帰式」とのズレとする。

$$\left\{ y_1 - (ax_1 + b) \right\}^2$$

つまり、データと「仮に得られた回帰式」の差の二乗を、ズレ量として定義するのである。こうすれば、「仮に得られた回帰式」と、データの位置関係について神経質になる必要はなく（何故ならば、正値の二乗も、負値の二乗も、得られる値は正値になるためである）、また、ズレ量という概念をそのまま活かしていることになる。

同様に、2番目のデータ (x_2, y_2)、3番目のデータ (x_3, y_3) についても、

$$\left\{ y_2 - (ax_2 + b) \right\}^2$$
$$\left\{ y_3 - (ax_3 + b) \right\}^2$$

となり、全てのデータについて、同様に表すことができる。いま、すべてのデータに対して、データと「仮に得られた回帰式」とのズレの和が最小となれば良いのであるから、

$$\sum_{i=1}^{n} \left\{ y_i - (ax_i + b) \right\}^2$$

が最小となるような a と b を決めれば良いということになる。いま、上式で得られるズレ量を S とおく。つまり、

$$S = \sum_{i=1}^{n} \left\{ y_i - (ax_i + b) \right\}^2 = \sum_{i=1}^{n} \left\{ y_i^{\,2} - 2(ax_i + b)\,y_i + a^2 x_i^{\,2} + 2abx_i + b^2 \right\}$$

とおく。このとき、変数 a および b それぞれに対して、微分して 0 となるところが最小の点となる。ここでは偏微分という考え方を使う。偏微分とは、とある一つの変数だけに着目して、その他の変数は定数と同じ扱いをする、というものである。S を変数 a および b に関して偏微分し、それらの値が 0 となれば良いので、

$$\frac{\partial S}{\partial a} = 0$$

$$\frac{\partial S}{\partial b} = 0$$

が、ともに成り立てば良い。なお、

$$\frac{\partial S}{\partial a}$$

とは、「関数 S を変数 a で偏微分する、つまり、関数 S を、変数 a だけで微分する（b はただの文字として見て、変数としては見ない）」ことを意味する。

$$\frac{\partial S}{\partial b}$$

についても同様であり、「関数 S を変数 b で偏微分する、つまり、関数 S を、変数 b だけで微分する（b はただの文字として見て、変数としては見ない）」ことを意味する。

$$\frac{\partial S}{\partial a} = \frac{\partial}{\partial a} \sum_{i=1}^{n} \left\{ y_i^{\,2} - 2(ax_i + b)\,y_i + a^2 x_i^{\,2} + 2abx_i + b^2 \right\}$$

$$= \sum_{i=1}^{n} (-2x_i y_i + 2a x_i^{\,2} + 2b x_i) = 0$$

$$\frac{\partial S}{\partial b} = \frac{\partial}{\partial b} \sum_{i=1}^{n} \left\{ y_i^{\,2} - 2(ax_i + b)\,y_i + a^2 x_i^{\,2} + 2abx_i + b^2 \right\}$$

$$= \sum_{i=1}^{n} (-2y_i + 2a x_i + 2b) = 0$$

これらの式を連立方程式として考えると、

$$\begin{cases} \left(\displaystyle\sum_{i=1}^{n} x_i^2\right) a + \left(\displaystyle\sum_{i=1}^{n} x_i\right) b = \displaystyle\sum_{i=1}^{n} x_i y_i \\ \left(\displaystyle\sum_{i=1}^{n} x_i\right) a + nb = \displaystyle\sum_{i=1}^{n} y_i \end{cases} \Leftrightarrow \begin{bmatrix} \displaystyle\sum_{i=1}^{n} x_i^2 & \displaystyle\sum_{i=1}^{n} x_i \\ \displaystyle\sum_{i=1}^{n} x_i & n \end{bmatrix} \begin{bmatrix} a \\ b \end{bmatrix} = \begin{bmatrix} \displaystyle\sum_{i=1}^{n} x_i y_i \\ \displaystyle\sum_{i=1}^{n} y_i \end{bmatrix}$$

いま、

$$X = \begin{bmatrix} x_1 & 1 \\ x_2 & 1 \\ \vdots & \vdots \\ x_n & 1 \end{bmatrix}, \; \boldsymbol{a} = \begin{bmatrix} a \\ b \end{bmatrix}, \; \boldsymbol{y} = \begin{bmatrix} y_1 \\ \vdots \\ y_n \end{bmatrix}$$

とすると、

$$\begin{bmatrix} \displaystyle\sum_{i=1}^{n} x_i^2 & \displaystyle\sum_{i=1}^{n} x_i \\ \displaystyle\sum_{i=1}^{n} x_i & n \end{bmatrix} \begin{bmatrix} a \\ b \end{bmatrix} = \begin{bmatrix} \displaystyle\sum_{i=1}^{n} x_i y_i \\ \displaystyle\sum_{i=1}^{n} y_i \end{bmatrix} \Leftrightarrow X^{\mathrm{T}} X \boldsymbol{a} = X^{\mathrm{T}} \boldsymbol{y} \Leftrightarrow \boldsymbol{a} = (X^{\mathrm{T}} X)^{-1} X^{\mathrm{T}} \boldsymbol{y}$$

以上のように、$\boldsymbol{a}$ が得られるため、データをよく表している直線は一意に定まる。

7．4　実際の例

　例えば、次のようなデータがあるとする。次のデータ（表7.2）は、あるインターネットのサイトから調べた、30件の物件の家賃、専有面積、築年数、最寄り駅までの徒歩時間を記したものである。

　目的変数を「家賃」、説明変数を「専有面積」「築年数」「最寄り駅までの徒歩時間」とし、重回帰分析を行う。重回帰分析はExcelの「分析ツ

〔表7.2〕30件の物件の家賃、専有面積、築年数、最寄り駅までの徒歩時間

物件No	家賃（円）	専有面積（m²）	築年数（年）	最寄り駅までの徒歩時間（分）
1	65000	35.33	1	9
2	50000	35.25	23	10
3	51000	30.03	10	18
4	46500	20.81	10	20
5	59000	31.35	13	3
6	50000	30	13	25
7	45000	30.24	14	11
8	37000	22.55	34	23
9	50000	36.56	11	9
10	50000	35.25	23	8
11	47500	20.81	10	12
12	39000	25.92	18	27
13	36000	27	21	26
14	46000	25.62	16	14
15	37000	24.5	59	21
16	55000	29.8	14	7
17	70000	46.89	38	3
18	61000	33.95	1	9
19	50000	30	30	28
20	50000	32.26	14	17
21	54000	25.2	3	5
22	58000	28.67	1	10
23	45000	20.81	10	17
24	39000	25.35	13	20
25	51000	41.6	16	8
26	35000	25	15	26
27	30000	18.55	28	25
28	42000	24.75	21	27
29	44500	27.9	14	19
30	42000	23.62	21	20

ール」などを用いて実施することができる。結果は次のようになる。

$$(\text{家賃}) = 643.83 \times (\text{専有面積}) - 213.47 \times (\text{築年数})$$
$$- 506.82 \times (\text{最寄り駅までの徒歩時間}) + 40852.88$$

この結果から次のことがわかる。

・専有面積が 1m^2 増加すると、家賃は約 644 円高くなる。

・築年数が 1 年増加すると、家賃は約 213 円安くなる。

・最寄り駅までの徒歩時間が 1 分増加すると、家賃は約 507 円安くなる。

・築年数と最寄り駅までの徒歩時間は、共に家賃が安くなる要因であるが、最寄り駅までの徒歩時間の方が家賃への影響が大きい。

・専有面積が増せば家賃が高くなり、古い物件や、駅から離れている物件は家賃が安くなることは、実際の状況と合致している。

・3 つの説明変数の中で、専有面積の大きさが、最も家賃に影響している。

7.5　最小二乗推定と AI の関係性

　では、なぜ、最小二乗推定が、AI の学習に必要になるのだろうか。ここまでで学んだ考え方が、AI において、「実際のデータと推定データとのズレの比較」で用いることができるためであると考える。

　AI の中でも、教師あり学習において、モデルを学習する際に用いる学習データを用いると、推定データは、

$$y(x, w_0, w_1) = w_0 + w_1 x$$

として表すことができる。AI によって正しく推定されていると評価するためには、実際のデータと、得られた推定データのズレを求める。本章での内容と同様に、データ $(x_1, y_1), (x_2, y_2), \cdots, (x_n, y_n)$ が存在すると考える。いま、データ (x_n, y_n) について考える。このズレを e_i とすると、このデータに対する推定値は、

$$y(x_n, w_0, w_1) = w_0 + w_1 x_n$$

となることから、

$$e_i = y_i - y(x_i, w_0, w_1)$$

で表される。この考え方は、最小二乗推定における、データと「仮に得られた回帰式」とのズレの考え方と同じである。本章では、単純に、データと「仮に得られた回帰式」との差の和を考えるのではなく、差の二乗の和を考えたが、ここでも同様に、差の二乗の和を考える。つまり、

$$\sum_{i=1}^{N} e_i = \sum_{i=1}^{N} \{y_i - y(x_i, w_0, w_1)\}^2 = \sum_{i=1}^{N} (y_i - w_1 x_i - w_0)^2$$

を考える。これを誤差関数とよぶ。この誤差関数が最小となるように w_0, w_1 を求める。w_0, w_1 の求め方も最小二乗推定の場合と同じであり、

$$\frac{\partial}{\partial w_0} \sum_{i=1}^{N} e_i = 0$$

$$\frac{\partial}{\partial w_1} \sum_{i=1}^{N} e_i = 0$$

とする。これらの式を連立することで、w_0, w_1 が得られる。なお、ここでは、わかりやすさのために、実データを y_n としたが、一般的には「目標値 t_n」とすることが多い。

　以上から、最小二乗推定が、AI と関係がある、ということを理解頂けるであろう。

7.6 本章のまとめ

最小二乗推定は、非常に分かりやすい考え方であり、極めて使い勝手が良い。データが多くなり、複雑なものであると、最小二乗推定による推定値と実測値の当てはまりが悪くなるが、ある程度の推定は最小二乗推定で可能である。本来であればモデルの良し悪しを検討するための考え方である AIC（赤池情報量規準）も説明したい所であるが、数学に不慣れな人にとっては少しわかりにくいと思われるので、別途参考書や専門書で学んで頂きたい。

参考文献

(1) 阿部圭司 , ABEK@WASEDA University,
http://www.aoni.waseda.jp/abek/
（最終アクセス日 : 2019 年 8 月 15 日）
(2) 自動車技術ハンドブック 3 人間工学編 , 公益社団法人自動車技術会 ,
東京（2016）

第 **8** 章

最適化問題の基礎

機械学習における学習というものは、パラメタを最適化することに他ならない。最適化問題をまともに学ぼうとすると、その範囲は尋常でない。そのため、ここでは、機械学習を学ぶために最低限必要な最適化問題に特化して説明する。ただし、ここで述べる、「最低限必要な最適化問題」を学んでおけば、ある程度基礎として身に付いていることもあるので、今後別の最適化手法が必要になってくる場合、学習が楽になると思われる。

　ここでは、機械学習における「最低限必要な最適化問題」に特化して、参考文献[1]をベースにした上で、適宜説明を加え、簡単に説明する。

8.1　最適化問題とは？

　最適化数学とは、目的関数（これは問題により異なる）を最大化したり最小化したりする手法を扱う分野である。そして、最適化問題とは、あるパラメタ制約のもとで、関数の最大値や最小値、そしてそのパラメタを求める問題である。

　例えば次のような問題を考える。

　　$x_1-x_2-2=0$を満たす x_1, x_2 に対して，$-x_1x_2$ の最大値を求めよ。

この問題において、「$x_1-x_2-2=0$ を満たす x_1, x_2」が、「あるパラメタ制約」であり、そして、「$-x_1x_2$」が、目的関数である。この問題では、あるパラメタ制約の下で、目的関数を最大化する問題であると言える。

　この文言は、次のようにも書くことができる。

　　$max -x_1x_2$
　　$s.t.\quad x_1-x_2-2=0$

---

max は「最大」の意味であり、$s.t.$ は subject to の略で（such that の略である場合も多い）、「〜のような」の意味である。結局、先の問題は、ここで書いた問題に置き換えることができる。

　さて、「$-x_1x_2$ を最大化する」ことについて考えると、x_1 か x_2 のどちらかが正で、どちらかが負であれば良さそうだ、ということがわかるであろう。何故かと言えば、目的関数は$-x_1x_2$ であり、x_1 と x_2 の両方が正、もしくは負であれば、結果的に$-x_1x_2$ の値は負になってしまう。一方で、x_1 か x_2 のどちらかが正で、どちらかが負であれば、結果的に$-x_1x_2$ の値は正になるため、目的関数を「最大化」するという観点では合理的であろう。また、当然ではあるが、x_1 と x_2 の積の絶対値が大きいほど、目的関数を「最大化」できると考えられるであろう。しかし、これらの条件を満たすような x_1 と x_2 を自由に選ぶことはできない。なぜなら、制

約条件 $x_1 - x_2 - 2 = 0$ があるためである。

　では、次のように考えてみよう。

　まず、制約条件を次のように変形する。

$$x_2 = x_1 - 2 \quad \cdots\cdots\cdots\cdots\cdots\cdots\cdots\cdots\cdots\cdots\cdots\cdots\cdots\cdots \quad (8.1)$$

これを、目的関数の式に代入する。なお、これ以降、目的関数の式を、$f(x_1, x_2)$ と記載する。

$$f(x_1, x_2) = -x_1(x_1 - 2) \quad \cdots\cdots\cdots\cdots\cdots\cdots\cdots\cdots\cdots \quad (8.2)$$

先までの問題は、x_1 と x_2 の 2 変数を考えなければならなかったが、このようにすれば、x_1 だけを考えれば良いことになり、扱いやすくなる。さて、この後は、$f(x_1, x_2)$ が最大になるような x_1 を求めることになるのだが、そのためのアプローチは、中学数学や高校数学の範疇で考えると、次の 2 通りとなる。

■平方完成

　式 (8.2) を、次のように変形する。

$$f(x_1, x_2) = -x_1(x_1 - 2) = -x_1^2 + 2x_1 = -(x_1 - 1)^2 + 1 \quad \cdots\cdots\cdots\cdots \quad (8.3)$$

この関数は、上に凸の二次関数である。このグラフを書くと、図 8-1 のようになり、$x_1 = 1$ のとき最大値 1 を取ることがわかる。

この方法は、中学で習得済かと思われるが、いわゆる二次関数の最大・最小の問題である。

■微分による極値計算

　高校数学のやり方であるが、極値を取る点では微分係数 $= 0$ となることを用いる。いま、式 (8.3) を x_1 で微分する。

$$\frac{d}{dx_1} f(x_1, x_2) = \frac{d}{dx_1}(-x_1^2 + 2x_1) = -2x_1 + 2 \quad \cdots\cdots\cdots\cdots\cdots \quad (8.4)$$

この式が 0 になるときの x_1 が極値となるときの x_1 の値であるから、

$$\frac{d}{dx_1}f(x_1, x_2)=-2x_1+2=0 \quad \cdots\cdots\cdots\cdots\cdots\cdots\cdots\cdots\cdots\cdots\cdots \quad (8.5)$$

従って、$x_1=1$ が得られる。このときの様子を図 8-2 に表す。

上に凸の二次関数においては、極値を取るときの x 座標においては、極値 = 極大値となるので、$x_1=1$ を式 (8.3) に代入すると最大値 1 が得ら

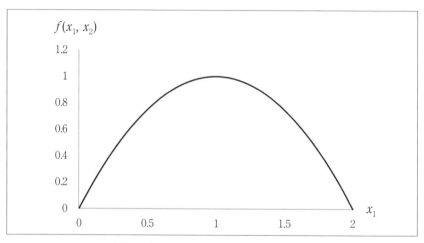

〔図 8-1〕$f(x_1, x_2)=-x_1(x_1-2)$ のグラフ

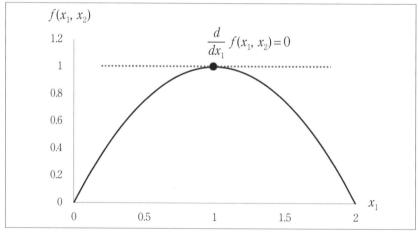

〔図 8-2〕$f(x_1, x_2)=-x_1(x_1-2)$ のグラフと $\dfrac{d}{dx_1}f(x_1, x_2)=-2x_1+2=0$

れる。

　なお、何れの場合も、制約条件の式に $x_1=1$ を代入すれば、$x_2=-1$ が
得られるので、結局、元々の問題に対する答えは、

　　　$x_1=1, x_2=-1$ において、最大値 1 をとる

ということになる。

　いま、理解しやすさを求めるために、我々が中学および高校の知識を
活かして、平方完成および微分を用いて最大値を求めたが、平方完成に
ついては、今回の問題が 2 次関数だったために上手く行ったにすぎず、
どのような関数についても平方完成で解が得られるわけではない。

　では、ここで得られた、$x_1=1, x_2=-1$、および目的関数の最大値であ
る 1（つまり $-x_1x_2=1$）について、違った角度から見てみることにしよう。
いま、$x_1-x_2-2=0, -x_1x_2=1$ のグラフを、x_1x_2 平面に描いてみる（わかり
にくければ、$x_1-x_2-2=0$ を変形した、$x_2=x_1-2$ と、$-x_1x_2=1$ を変形した、

　　　$x_2=-\dfrac{1}{x_1}$

を、x_1x_2 に描いていると思えば良い）。そうすると、図8-3のようになる。
図8-3では、参考までに、$-x_1x_2=0.5$ と $-x_1x_2=2$ のグラフも示している。
すると、$x_1=1, x_2=-1$（図8-3中の白丸の点）は、$x_1-x_2-2=0$ および
$-x_1x_2=1$ の接点であることがわかる。$-x_1x_2=0.5$ や $-x_1x_2=2$ は、$x_1-x_2-2=0$
と接点を持たない。$-x_1x_2=0.5$ と $x_1-x_2-2=0$ では異なる 2 点で交わっ
ており、$-x_1x_2=2$ と $x_1-x_2-2=0$ では交点を持たない。このことから、
あるパラメタ制約を示す関数と目的関数との接点が、求める解（の候補）
になることが把握できるであろう。

　以上を踏まえて、先の目的関数 $f(x_1, x_2)$ を最大化する問題を、別のアプ
ローチで考えてみる。求める解となる点では、$x_1-x_2-2=0$ および $-x_1x_2=1$

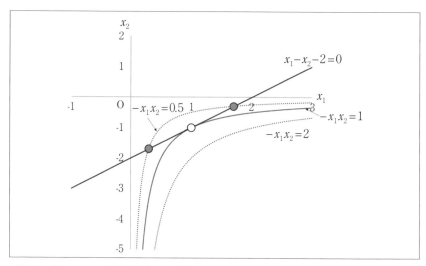

〔図 8-3〕パラメタ制約を表す関数と目的関数を共に満たす解と接点との関係

は互いに接しているということは、求める解となる点で、それぞれの法線ベクトル（接線と垂直な向きのベクトル）が平行になる。ここで、法線ベクトルについては、次のような、法線ベクトルを求める公式がある。

$f(x, y) = 0$ で表される曲線の (x, y) における法線ベクトルの一つは

$\left[\dfrac{\partial f}{\partial x} \quad \dfrac{\partial f}{\partial y}\right]$ である。

第 7 章でも述べたが、

$$\frac{\partial f}{\partial x}$$

を x に関する偏微分と呼ぶ。x に関する偏微分とは、関数 $f(x, y) = 0$ で、x 以外は定数とみなして微分するという意味である。少し難しい言い方をすれば、多変数関数を特定の関数に関して微分したものが偏微分である。

それでは先の目的関数 $f(x_1, x_2)$ を最大化する問題に戻って考える。求める解となる点では、$x_1-x_2-2=0$ および $-x_1x_2=1$ の法線ベクトルを求めると、$x_1-x_2-2=0$ については、$f(x_1, x_2)=x_1-x_2-2$ より、

$$\frac{\partial f}{\partial x_1}=1, \ \frac{\partial f}{\partial x_2}=-1$$

となる。また、$-x_1x_2=1$、すなわち、$-x_1x_2-1=0$ については、$f(x_1, x_2)=-x_1x_2-1$ より、

$$\frac{\partial f}{\partial x_1}=-x_2, \ \frac{\partial f}{\partial x_2}=-x_1$$

となる。これらが平行になるので、ある定数 λ が存在して、

$$\begin{bmatrix} 1 \\ -1 \end{bmatrix} + \lambda \begin{bmatrix} -x_2 \\ -x_1 \end{bmatrix} = 0$$

となる。

$$\begin{bmatrix} 1 \\ -1 \end{bmatrix} + \lambda \begin{bmatrix} -x_2 \\ -x_1 \end{bmatrix} = 0$$

より、

$$\begin{cases} 1=-\lambda x_2 \\ -1=-\lambda x_1 \end{cases} \Leftrightarrow \begin{cases} x_1=\dfrac{1}{\lambda} \\ x_2=-\dfrac{1}{\lambda} \end{cases}$$

となる。これを $x_1-x_2-2=0$ に代入すると、

$$\frac{1}{\lambda}-\left(-\frac{1}{\lambda}\right)-2=0 \Leftrightarrow \frac{2}{\lambda}=2 \Leftrightarrow \lambda=1$$

が得られる。従って、$\lambda=1, x_1=1, x_2=-1$ が得られる。

　この話を一般化する。いま、最大値もしくは最小値を求めたい目的関数を $f(x, y)$、パラメタ制約を表す関数を $g(x, y)=0$ とする。$g(x, y)=0$ のもとで $f(x, y)$ の最大値もしくは最小値を求めたいとする。いま、

$$L(x, y, \lambda)=f(x, y)+\lambda g(x, y)$$

という関数を新たに作り、この関数について、

$$\frac{\partial L}{\partial x} = \frac{\partial L}{\partial y} = \frac{\partial L}{\partial \lambda}$$

を解くことによって解が求まる。これをラグランジュの未定乗数法とい
う。ラグランジュの未定乗数法は機械学習の手法の一つである、サポー
トベクタマシンを学ぶときに避けては通れない考え方である。先の例で
は、$f(x,y)=x-y-2, g(x,y)=-xy-1$ として、ラグランジュの未定乗数法を
適用したわけである。

８．２　凸最適化問題

　それでは、先程の例では、なぜ微分が上手く行き、解を求めることができたのだろうか。それは、先程の問題が「凸最適化問題」と呼ばれるものであったためである。

　凸最適化問題とは、目的関数が凸関数であるような問題である。凸関数とは、次のように定義される。

関数 $y = f(x)$ の定義されている区間内で、3点 x_1, x_2, x_3 が

$x_1 < x_2 < x_3$ のようにとられているとき、これらの3点に対して、

$\dfrac{f(x_2) - f(x_1)}{x_2 - x_1} \leq \dfrac{f(x_3) - f(x_2)}{x_3 - x_2}$ が成り立つとき、

$y = f(x)$ は凸関数と呼ばれる。

　凸最適化問題では、微分して0になる点は1つしか求まらず、そしてこのような点は、最大値であることが保証される。

　先程の問題のような関数が凸関数の代表的なものである（図8-4: 図8-1の再掲）。

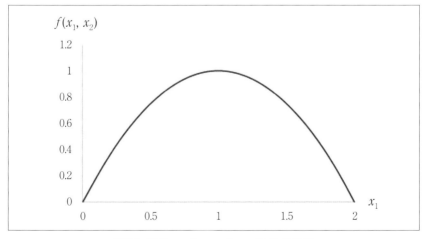

〔図8-4〕$f(x_1, x_2) = -x_1(x_1 - 2)$ のグラフ

つまり、簡単に言えば、谷が一つという形になっている関数をいう。この場合、微分して0になる箇所が一つしかなく、そこが最大値になっているのもわかるかと思う。

なお、混同するかも知れないが、正しくは、いわゆる「下に凸」の関数のことを凸関数という。次の図8-5のような関数である。

一方で、先の問題のような、「上に凸」の関数の場合は「凹関数」という。

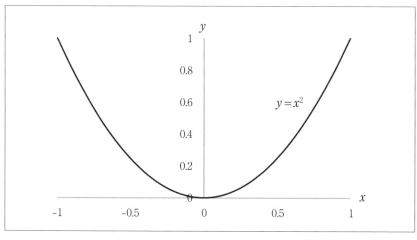

〔図8-5〕下に凸の関数の例（凸関数）

8.3 凸関数の定義

　先程簡単に述べたが、ここで改めて凸関数の定義について触れておく。多変数の関数 $f(x_1, x_2, x_3, \cdots, x_n)$ を表したい場合、$\mathbf{x} = (x_1, \cdots, x_n)^T$ と変数を格納するベクトルを書いておいて、$f(\mathbf{x})$ と表記する。

　さて、関数 $f(\mathbf{x})$ が凸関数であるとき、任意の異なる点 $\mathbf{x}_1, \mathbf{x}_2$ と、スカラー値 $0 \leq \alpha \leq 1$ を用いて、以下が成り立つ。

$$f(\alpha\mathbf{x}_1 + (1-\alpha)\mathbf{x}_2) \leq \alpha f(\mathbf{x}_1) + (1-\alpha)f(\mathbf{x}_2) \quad \cdots\cdots\cdots\cdots\cdots \quad (8.6)$$

この式は、次のように考えればよい。まず、左辺の $\alpha\mathbf{x}_1 + (1-\alpha)\mathbf{x}_2$ についてであるが、これは、ベクトル $\mathbf{x}_1$ と $\mathbf{x}_2$ を、$\alpha : 1-\alpha$ に内分する点を表している。すると、$f(\alpha\mathbf{x}_1 + (1-\alpha)\mathbf{x}_2)$ は、「ベクトル $\mathbf{x}_1$ と $\mathbf{x}_2$ を、$\alpha : 1-\alpha$ に内分する点」における関数 $f(\mathbf{x})$ の値である。同様に考えると、右辺の $\alpha f(\mathbf{x}_1) + (1-\alpha)f(\mathbf{x}_2)$ は、$\mathbf{x}_1$ における関数 $f(x)$ の値である $f(\mathbf{x}_1)$ と、$\mathbf{x}_2$ における関数 $f(x)$ の値である $f(\mathbf{x}_2)$ を $\alpha : 1-\alpha$ に内分する点となる。

　すると、$f(\alpha\mathbf{x}_1 + (1-\alpha)\mathbf{x}_2) \leq \alpha f(\mathbf{x}_1) + (1-\alpha)f(\mathbf{x}_2)$ を字面通り読み解くとすれば、「$\mathbf{x}_1$ における関数 $f(\mathbf{x})$ の値である $f(\mathbf{x}_1)$ と、$\mathbf{x}_2$ における関数 $f(x)$ の値である $f(\mathbf{x}_2)$ を $\alpha : 1-\alpha$ に内分する点」が、「ベクトル $\mathbf{x}_1$ と $\mathbf{x}_2$ を、$\alpha : 1-\alpha$ に内分する点における関数 $f(x)$ の値」以上である、ということを意味している。

　これを図示すると図8-6のような状況である。この図より、「$\mathbf{x}_1$ における関数 $f(x)$ の値である $f(\mathbf{x}_1)$ と、$\mathbf{x}_2$ における関数 $f(x)$ の値である $f(\mathbf{x}_2)$ を $\alpha : 1-\alpha$ に内分する点」が、「ベクトル $\mathbf{x}_1$ と $\mathbf{x}_2$ を、$\alpha : 1-\alpha$ に内分する点における関数 $f(x)$ の値」以上であれば、関数 $f(x)$ は凸関数である、ということが把握できよう。

　通常最適化の理論は、この凸関数に対していかに効率の良い解法を見出そうかと、非凸の関数が目的関数になってしまったときに、それを何とか変形して凸最適化問題に帰着できないか、ということに費やされる。

　さて、凸関数の最小値を見つけるという最小化問題を解く場合は、目的関数が凸関数であれば、ある点を出発点にして、少しずつ、現在の値より小さくなる、つまり、関数の値が下がる方向に移動していくという

考え方が単純だろう。そして、そのうち、点を動かしても、関数の値が変化しなくなるはずで、その場合、その点が目的の最小解になっていると言えよう（図8-7）。

　この考え方が、機械学習で用いる、勾配降下法や最急降下法といった考えの基礎になっている。

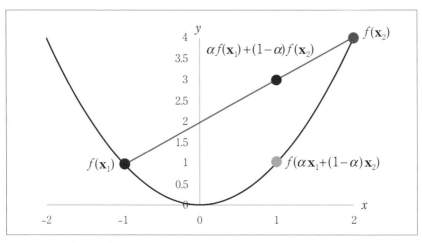

〔図 8-6〕$f(a\mathbf{x}_1+(1-a)\mathbf{x}_2) \leq af(\mathbf{x}_1)+(1-a)f(\mathbf{x}_2)$ を示す状況

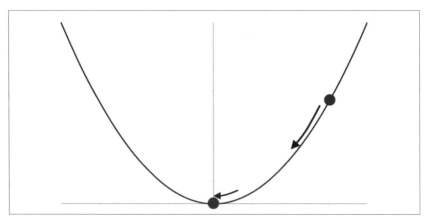

〔図 8-7〕最小化問題を解くイメージ

8.4 機械学習における目的関数とは

　機械学習ではどのように目的関数を設定するのだろうか？「機械学習で推定された値と、訓練データ（実測値）との差」を目的関数として設定することが多い。そして、精度の高い学習とは、すなわち、「推定された値が、訓練データ（実測値）に近い」すなわち「推定された値と、訓練データ（実測値）の差が、0に近い」ことを言う。ドンピシャであることが理想であるが、ほぼ不可能である。そのため、可能な限り0に近いようにできれば良いのである。

　機械学習は、基本的に、入力に重みを掛けて得られた値を、ある関数に基づいて計算した結果を出力としているものと解釈すると、次のような関数で表すことができる。

$$\mathbf{y} = f(\mathbf{w}, \mathbf{x}) \quad\quad\quad\quad\quad\quad\quad\quad (8.7)$$

上記の内容に基づけば、訓練データ（実測値）の集合をtとすると、

$$(\mathbf{y} - \mathbf{t})^2 \quad\quad\quad\quad\quad\quad\quad\quad (8.8)$$

を極力小さくすることが目標となる。ここで差の二乗を考える理由としては、$\mathbf{y}$ と $\mathbf{t}$ の大小は関係なく、つまり、$\mathbf{y}$ と $\mathbf{t}$ のどちらが大きかろうが小さかろうが関係なく、単に「どれだけズレているか」だけが着目すべき点であるためである。従って、この式が、機械学習における目的関数になると言えよう。

　ここで、機械学習においては、$\mathbf{y} = f(\mathbf{w}, \mathbf{x})$ という関数で $\mathbf{y}$ を表すことができるので、この目的関数は、

$$(f(\mathbf{w}, \mathbf{x}) - \mathbf{t})^2 \quad\quad\quad\quad\quad\quad\quad\quad (8.9)$$

と書き表すことができる。ここでポイントは、$\mathbf{x}$ は入力データであり不変、$\mathbf{t}$ は訓練データ（実測値）であり不変である。そして、機械学習とは、重みである $\mathbf{w}$ を自動的にチューニング（と考えて良い）して、この目的関数を最小化することに他ならない。イメージとしては図8-8のようになる。

　一般的には、機械学習の目的関数は、$l(\mathbf{w})$ と表されるため、次のように書き直すことができる。

$$l(\mathbf{w}) = f(\mathbf{w}, \mathbf{x}) \quad\cdots\cdots\cdots\cdots\cdots\cdots\cdots\cdots\cdots\cdots\cdots\cdots\cdots\cdots\cdots\cdots\cdots \quad (8.10)$$

他に、重み $\mathbf{w}$ に何らかの制約を設ける必要がある場合も出てくる。これは **L2 正則化**や、**リッジ正則化**などと言われているが、今は覚える必要はない。あくまでも、「重みに何らかの制約を設けることもできる」位に捉えておけば良い。

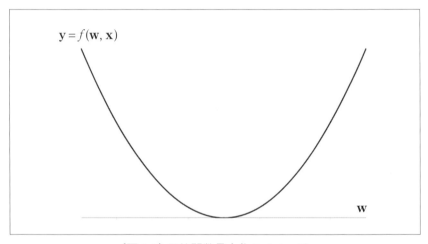

〔図 8-8〕目的関数最小化のイメージ

8.5 勾配降下法

　まず、一番簡単な方法で $\mathbf{w}$ を決めてみよう。直感的にわかりやすい方法としては、エイヤと適当な $\mathbf{w}$ を決めてしまい、目的関数の値を求める。次に別の $\mathbf{w}$ を、先程の $\mathbf{w}$ より値が小さくなるように適当に決めて、また目的関数の値を求める。これらの目的関数の値を比較して、もし、目的関数の値が減少したら、「$\mathbf{w}$ が小さくなる方に持っていけば、目的関数がどんどん小さくなるのではないだろうか？」と推論し、地道に $\mathbf{w}$ を変えていく。そうした中で、「この値が一番小さくなるな」というところで、最適な $\mathbf{w}$ としてしまう、というやり方である。ここで説明する勾配降下法はこの考え方に近い。

　もう少し丁寧に説明しよう。まず、適当な値、$\mathbf{w}(0)$ における目的関数 $l(\mathbf{w}(0))$ を求める。次に、

$$\mathbf{w}(1) = \mathbf{w}(0) + \varepsilon \quad\cdots\cdots\cdots\cdots\cdots\cdots\cdots\cdots\cdots\cdots\cdots (8.11)$$

を計算する。ここで ε は、上で「別の $\mathbf{w}$」、つまり $\mathbf{w}(1)$ を決める際に、「エイヤと適当に決めた $\mathbf{w}$」、つまり $\mathbf{w}(0)$ から変化させた量である。

　しかし、この「変化させた量」つまり ε をどのように決めれば良いのだろうか。勾配降下法はここがポイントとなる。

　まず、5 章で述べたように、「関数の微分は傾きになる」が、これを多次元に拡張すると、

> 多次元においては関数のベクトルによる微分は勾配ベクトルとなり、勾配ベクトルは関数の値を増やす方向を表している

という事実がある。いま、目的関数が最小になるようにしたいので、ある $\mathbf{w}(0)$ が決定されたとして、次に考えるべき $\mathbf{w}(1)$ は、勾配ベクトルとは逆向きに進ませたい、ということになる。このことから、ε を、

$$\varepsilon = -\frac{\partial l(\mathbf{w})}{\partial \mathbf{w}} \quad\cdots\cdots\cdots\cdots\cdots\cdots\cdots\cdots\cdots\cdots\cdots (8.12)$$

と決める。このように ε を決めれば、次に考えるべき $\mathbf{w}(1)$ は、$\mathbf{w}(0)$ における勾配ベクトルを、上式に基づいて

$$-\frac{\partial l(\mathbf{w}(0))}{\partial \mathbf{w}(0)}$$

と決めた上で、

$$\mathbf{w}(1) = \mathbf{w}(0) - \frac{\partial l(\mathbf{w}(0))}{\partial \mathbf{w}(0)} \quad \cdots\cdots\cdots\cdots\cdots\cdots (8.13)$$

なる式に基づいて決めれば良いことになる。次に考えるべきは $\mathbf{w}(2)$ であるが、これも同様であり、$\mathbf{w}(1)$ を起点として考えれば、結局、これまでの式を流用すれば良く、

$$\mathbf{w}(2) = \mathbf{w}(1) - \frac{\partial l(\mathbf{w}(1))}{\partial \mathbf{w}(1)} \quad \cdots\cdots\cdots\cdots\cdots\cdots (8.14)$$

で決定される。結局、これをひたすら繰り返すことになり、更新の回数を $t(t=1, 2, ..., t)$ とすると、一般的には、t 回目の更新における重み $\mathbf{w}(t)$ は

$$\mathbf{w}(t) = \mathbf{w}(t-1) - \frac{\partial l(\mathbf{w}(t-1))}{\partial \mathbf{w}(t-1)} \quad \cdots\cdots\cdots\cdots\cdots (8.15)$$

で表すことができる。

　このように、勾配降下法は、今の場所から勾配を下る方向に進んでいく更新方法である。例えば、山登りをしていて、遭難したとしよう。「おそらく谷の方に下っていけばいつかは麓に着く」と考えれば、斜面が急な方向に進んでいくことだろう。そして（何事もなく、成功すれば）いつかは麓に辿り着くだろう（図8-9）。勾配降下法はこの考え方と同じである。

　勾配降下法を感覚的に捉えるならば、丘の上からボールを転がす場合をイメージする例も多く用いられている。ボールが完全に転がりきって、それ以上転がらない場合、そこが「最小値」であるということになる。しかし、「その時に坂が下っているほうに進む」ということを繰り返しているため、進んでいる方向が必ずしも大域的最小値（global minimum）であるとは限らない。つまり、局所的最小値（local minimum）にたどり着くこともある。このことを忘れてはならない。

一般的には、

$$\mathbf{w}(t) = \mathbf{w}(t-1) - \alpha \frac{\partial l(\mathbf{w})}{\partial \mathbf{w}} \quad \cdots\cdots\cdots\cdots\cdots\cdots\cdots\cdots\cdots\cdots (8.16)$$

と書かれており、ここで、α は**学習率**と呼ばれている。α は勾配ベクトルとは逆方向にどれだけ多く進むかの割合であり、機械学習のアルゴリズムを設計する設計者が決める。但し、大きければ良いというわけではなく、これはシミュレーション結果などを基にしてチューニングして決定することが多い。一般的には、この α は**超パラメータ**（Hyper-parameter）と呼ばれることもあり、繰り返し計算する際の更新度合いを定義するものである。α が大きすぎると、更新しすぎて、最小値を行ったり来たりすることがある。先の「丘の上からボールを転がす場合」をイメージするならば、ボールの勢いが付きすぎることと同義と言えよう。一方で、α が小さすぎると、更新の頻度が少なくなり、最小値に行き着くまでの繰り返しの回数が多くなってしまうということになる。つまり、ボールがあまり転がらないことと同義と言えよう。

　一方で、α が小さすぎると、更新の頻度が少なくなり、最小値に行

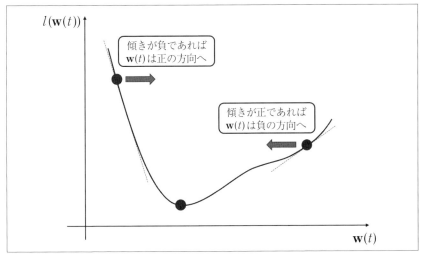

〔図 8-9〕勾配降下法のイメージ

き着くまでの繰り返しの回数が多くなってしまうということになる。つまり、ボールがあまり転がらないことと同義と言えよう。これを解消するために、繰り返し回数を重ねるごとに、α を少しずつ小さくさせるという工夫を入れることもある。

8.6　目的関数は凸関数か？

　以上より、ニューラルネットによる学習は簡単なように思える。しかし、これは、目的関数が凸関数であることが前提の議論である。ニューラルネットの目的関数 $l(\mathbf{w})$ は一般的に $\mathbf{w}$ に対して非凸である。これはどういうことかと言うと、勾配をどんどん下っていて微分値が 0 になる点が最小値と考えたいのだが、図 8-10 のような場合、微分値が 0 であってもその点が最小値である、とは必ずしも言えないのである。

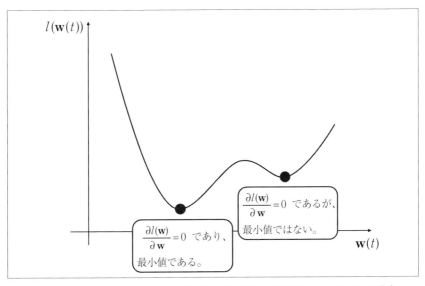

〔図 8-10〕微分値が 0 であってもその点が最小値であると言えない場合

8.7　本章のまとめ

　ここでは、機械学習に必要な最適化問題の基礎について説明した。重複するが、ここで述べた最適化問題が全てではないが、機械学習を最低限学ぶためのエッセンスとしては、この程度は、概念的で良いので、抑えておきたい。

参考文献

(1) ニューラルネットのための最適化数学 :
  https://www.hellocybernetics.tech/entry/2017/01/16/011113
  (最終アクセス日 : 2019 年 9 月 19 日)

第9章

ここまでの話が、なぜAIに繋がるのか？

さて、第3章以降、ここまで学んだ内容をおさらいする。

・確率の基本（第3章）
・ベイズ推定と最尤推定（第4章）

　ベイズ推定を学ぶためには確率が必要であるため、基本的な確率の内容を第3章で学んだ。これを踏まえて、第4章ではベイズ推定を学んだ。従って、第3章の内容は、第4章を学ぶための土台であると考えて欲しい。そして、ベイズ推定は、例えば、機械学習の中でも比較的単純と言われているナイーブベイズ分類器（ベイジアンフィルター）のような機械学習アルゴリズムを構築することができ、第4章でも説明したスパムメールのフィルターなどに用いることができる。

・ベイズ推定と最尤推定（第4章）
・微分積分の基本（第5章）
・線形代数の基本（第6章）
・重回帰分析とは（第7章）
・最適化問題の基礎（第8章）

　第5章の内容、第6章の内容が、ともに、第7章、第8章に繋がる。第5章で学ぶ微分積分では、「傾き」の概念が重要である。微分積分では、関数の傾きを求める一般式の作成が課題となる [1]。さて、なぜ AI に「傾き」の概念が重要なのであろうか。AI は、第1章で述べたように、ビッグデータとは切っても切り離せない関係にある。そして、ビッグデータから何らかの法則性を導き出すこと、つまり、モデルを作ることが求められるのであるが、モデルをすぐに、かつ、正確に作ることはできない。何をもって正しいモデルと判断するかと言えば、正解データと、モデルから得られたデータの誤差が小さいもの、を、正しいモデルと判断しているのであるが、このときに重要なのが、可能な限り誤差を小さくすることである。微分積分はここで役に立つ。誤差の関数が 0 になるという

ことは、傾きが0になるということとほぼ同じ意味である。そのため、微分したときに傾きが0になるようにAIは扱われているのである[1]。このことから、第5章と第8章が繋がるのである。

　次に第6章で学ぶ線形代数だが、行列は多くの数字を扱うことに長けている[1]。行列から法則性を見つけ出し、少量の式に圧縮することができる。そして、AIで扱う大量のデータはバラバラのものではなく、それぞれの条件ごとに細かく区分することができるものである。

　線形代数の特徴を踏まえて、線形代数がAIのどこに使われているかを見ることにする。これはニューラルネットの「層」に関する説明で使われており、さらに「層」に関する説明では、重回帰分析で学んだことも使われている。ニューラルネットの「層」は、それ単体で見ると重回帰分析と同様に、「パラメタ×説明変数」の線形和で表される[2]。つまり、入力がたくさんあって、これにパラメタを掛け合わせた和を見ると、それが次の「層」の新たな入力になるというものである。例えば、2層全結合型ニューラルネットワークで考えてみよう。図9-1を参考にすると、入力層（図9-1の左側）と出力層（図9-1の右側）の間はノードで結ばれており、さらに、それぞれのノードには、$w_{11}, w_{12}, \cdots$と、結合重みが存在すると考える。i番目の入力とj番目の出力を結合するノードに掛か

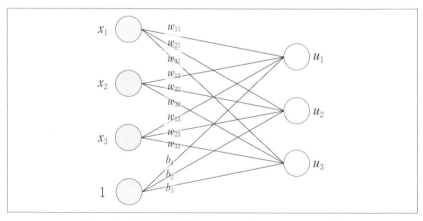

〔図9-1〕2層全結合型ニューラルネットワークの例

る結合重みを w_{ij} と表すこととする。また、入力にはバイアスが掛かっているものとし、1 という入力に対し、b_{ij} という結合重みが掛かっているものとする。このとき、入出力の関係は、図 9-1 の場合、次のように表される。

$$u_1 = w_{11}x_1 + w_{21}x_2 + w_{31}x_3 + b_1$$
$$u_2 = w_{12}x_1 + w_{22}x_2 + w_{32}x_3 + b_2 \quad \cdots\cdots\cdots\cdots\cdots\cdots\cdots\cdots\cdots \quad (9.1)$$
$$u_3 = w_{13}x_1 + w_{23}x_2 + w_{33}x_3 + b_3$$

一般的に、m 入力、n 出力の場合、次のように表される。

$$u_1 = w_{11}x_1 + w_{21}x_2 + \cdots + w_{m1}x_m + b_1$$
$$u_2 = w_{12}x_1 + w_{22}x_2 + \cdots + w_{m2}x_m + b_2$$
$$\vdots \qquad\qquad\qquad\qquad\qquad \cdots\cdots\cdots\cdots\cdots\cdots\cdots \quad (9.2)$$
$$u_n = w_{1n}x_1 + w_{2n}x_2 + \cdots + w_{mn}x_m + b_n$$

これらを一々書くのは面倒であるし、コンパクトにまとめた方が何かと得である。そこで、結合重みを $\mathbf{W}$、入力を $\mathbf{x}$、出力を $\mathbf{u}$、バイアスを $\mathbf{b}$ で表すと、式 (9.2) は、

$$\mathbf{u} = \mathbf{Wx} + \mathbf{b} \quad \cdots\cdots\cdots\cdots\cdots\cdots\cdots\cdots\cdots\cdots\cdots\cdots \quad (9.3)$$

ただし、

$$\mathbf{u} = \begin{bmatrix} u_1 \\ u_2 \\ \vdots \\ u_n \end{bmatrix}, \ \mathbf{x} = \begin{bmatrix} x_1 \\ x_2 \\ \vdots \\ x_m \end{bmatrix}, \ \mathbf{b} = \begin{bmatrix} b_1 \\ b_2 \\ \vdots \\ b_n \end{bmatrix}, \ \mathbf{w} = \begin{bmatrix} w_{11} & w_{21} & \cdots & w_{m1} \\ w_{12} & w_{22} & \cdots & w_{m2} \\ \vdots & \vdots & \ddots & \vdots \\ w_{1m} & w_{2m} & \cdots & w_{mn} \end{bmatrix}$$

と表すことができる。コンパクトさに欠け、やや扱いが面倒である式 (9.2) が、式 (9.3) のように簡単な形で表すことができる。行列式で扱うことができれば圧倒的に扱いが楽になる。このように表すことができるのも線形代数の為せる技である。

　さて、次に微分・積分と最適化問題についてである。ニューラルネットでは学習データに合わせてパラメタを決める際に、モデルの予測値と実測値の間の誤差を最小化するために、第 8 章で学んだ勾配降下法、も

しくはその発展のアルゴリズム（本書では扱わない）を使う [2]。勾配降
下法のアルゴリズムは第8章で学んだ、

$$\mathbf{w}(t) = \mathbf{w}(t-1) - \alpha \frac{\partial l(\mathbf{w})}{\partial \mathbf{w}} \quad \cdots\cdots\cdots\cdots\cdots\cdots\cdots\cdots\cdots \quad (9.4)$$

である。そして、目的関数 $l(\mathbf{w})$ は「モデルの予測値と実測値の間の誤差」
を表している。式 (9.2) は、どんどん重みを更新してやり、最終的に重
みを落ち着かせる、というものである。そして重みの更新に際しては、「勾
配」を用いているということは、第8章で述べた通りである。そもそも
勾配降下法は「今の場所から勾配を下る方向に進んでいく更新方法」で
あることを思い出して欲しい。「勾配」と言えば「微分（偏微分）」であり、
「微分」と言えば「傾き」である [3]。すなわち、勾配降下法というものは、
パラメタをわずかに変えてやったときの「傾き」を利用して、モデルの
予測値と実測値との間の誤差をどんどん小さくしていて、最終的に「山
の麓」に到達することを目指すもの、と言って良い（図9-2）。この、パ
ラメタを最適化するプロセスにおいて、最尤推定の考え方も用いられる。

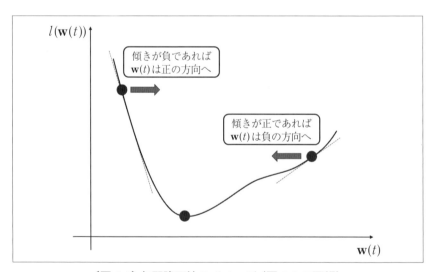

〔図 9-2〕勾配降下法のイメージ（図 8-9 の再掲）

これまで見て頂くと、それぞれ独立していたように感じられたであろう各章の内容が、実は相互に連携し、AIの基礎を学ぶのに必要な内容であることがお分かり頂けたであろう。本書で学んで頂いた内容は本当に簡単な内容であるが、ある程度AIに関係する内容を学ぶに当たっては理解しやすくなると思われる。ここまでで学んだことを踏まえ、基本的な数学や統計学の知識を備えた上で、もう一度AIや、機械学習に関する書籍を読んで頂くことをお勧めする。そして、更に発展的に学んで頂くことによって、より一層AI、機械学習に対する理解が深まり、自ら機械学習のソースコードを書いたり、与えられた機械学習のソースコードをさほど苦労することなく把握することができるようになると思う。

参考文献

[1] AIZINE:AI（人工知能）で必要な数学のレベルってどれくらい？調べてみた,
https://aizine.ai/mathematics-1207/
（最終アクセス日 :2019 年 11 月 23 日）

[2] 尾崎隆 : 機械学習をやる上で必要な数学とは、どの分野のどのレベルの話なのか（数学が大の苦手な人間バージョン）,
https://tjo.hatenablog.com/entry/2018/04/24/190000
（最終アクセス日 :2019 年 11 月 25 日）

[3] ChainerTutorial,
https://tutorials.chainer.org/ja/13_Basics_of_Neural_Networks.html
（最終アクセス日 :2019 年 11 月 25 日）

索引

■ 著者紹介 ■

荒川 俊也 （あらかわ としや）

■所属：
愛知工科大学 工学部 機械システム工学科 教授

■経歴：
2001 年　早稲田大学理工学部 機械工学科 卒業
2003 年　東京大学大学院 総合文化研究科 広域科学専攻 博士前期課程 修了
2003 年〜2013 年　富士重工業株式会社（現：株式会社 SUBARU）スバル技術研究所
2012 年　総合研究大学院大学 複合科学研究科 統計科学専攻 博士後期課程 修了、
　　　　　博士（学術）
2013 年　愛知工科大学 工学部 機械システム工学科 准教授
2016 年　愛知工科大学 工学部 機械システム工学科 教授
2017 年　政策研究大学院大学 政策研究センター 客員研究員
2018 年　愛知工科大学 高度交通システム研究所 所長
現在に至る

■専門：
人間工学、ヒューマンインタフェース、統計科学

■所属学会：
自動車技術会、計測自動制御学会、日本知能情報ファジィ学会、日本オペレーショ
ンズ・リサーチ学会、産業応用工学会、日本情報教育学会、応用科学学会
自動車技術会ヒューマンファクター部門委員会 委員
自動車技術会エレクトロニクス部門委員会 委員
日本知能情報ファジィ学会 東海支部 運営委員

●ISBN 978-4-904774-60-1　　　　　筑波大学　岩田 洋夫　著

設計技術シリーズ

VR実践講座
HMDを超える４つのキーテクノロジー

本体 3,600 円＋税

発行／科学情報出版（株）

●ISBN 978-4-904774-39-7

産業技術総合研究所　蔵田　武志
大阪大学　清川　清　監修
産業技術総合研究所　大隈　隆史　編集

設計技術シリーズ

AR（拡張現実）技術の基礎・発展・実践

本体 6,600 円＋税

発行／科学情報出版（株）

●ISBN 978-4-904774-59-5　　　　　立命館大学　徳田 昭雄 著

EUにおけるエコシステム・デザインと標準化
―組込みシステムからCPSへ―

本体 2,700 円＋税

発行／科学情報出版（株）

●ISBN 978-4-904774-52-6　　自由民主党 総合政策研究所 特別研究員　坂本 規博　著

新・宇宙戦略概論

グローバルコモンズの未来設計図

本体 1,800 円＋税

発行／科学情報出版（株）

● ISBN 978-4-904774-79-3

北海道大学　野島 俊雄　著
株式会社NTTドコモ　大西 輝夫
電波産業会電磁環境委員会編

設計技術シリーズ

電波と生体安全性
－基礎理論から実験評価・防護指針まで－

本体 4,600 円＋税

発行／科学情報出版（株）

●ISBN 978-4-904774-66-3　一般社団法人 電気学会・電気システムセキュリティ特別技術委員会
スマートグリッドにおける電磁的セキュリティ特別調査専門委員会 編

設計技術シリーズ

IoT時代の電磁波セキュリティ
～21世紀の社会インフラを電磁波攻撃から守るには～

本体 4,600 円＋税

発行／科学情報出版（株）

エンジニア入門シリーズ
AIエンジニアのための
統計学入門

2020年1月29日　初版発行

著　者　　荒川　俊也　　　　　　　　　　　　©2020

発行者　　松塚　晃医

発行所　　科学情報出版株式会社
　　　　　〒300-2622　茨城県つくば市要443-14 研究学園
　　　　　電話　029-877-0022
　　　　　http://www.it-book.co.jp/

ISBN 978-4-904774-85-4　C2041
※転写・転載・電子化は厳禁